교과서 연계 연산 강화 프로젝트
속도와 정확성을 동시에 잡는 연산 훈련서

쌤과

쌍둥이 연산노트

초등 7단계

4·1 예습책

1일 2쪽
한 달 완성

이젠교육
EZEN EDUCATION

이젠수학연구소 지음

이젠수학연구소는 유아에서 초중고까지 학생들이 수학의 바른길을 찾아갈 수 있도록 수학 학습법을 연구하는 이젠교육의 수학 연구소입니다. 수학 실력은 하루아침에 완성되지 않으며, 다양한 경험을 통해 발달합니다. 그길에 친구가 되고자 노력합니다.

쌤과 맘이 만든

쌍둥이 연산 노트 4-1 예습책 (초등 7단계)

지 은 이	이젠수학연구소	개발책임	최철훈
펴 낸 이	임요병	편 집	㈜성지이디피
펴 낸 곳	㈜이젠미디어	디 자 인	이순주, 최수연
출판등록	제 2020-000073호	제 작	이성기
주 소	서울시 영등포구 양평로 22길 21 코오롱디지털타워 404호	마 케 팅	김남미
전 화	(02)324-1600	인스타그램	@ezeneducation
팩 스	(031)941-9611	블 로 그	http://blog.naver.com/ezeneducation

@이젠교육

ISBN 979-11-90880-57-2

쌤과 맘이 만든

쌍둥이 연산노트

초등 7단계

4·1 예습책

쌍둥이 연산 노트

한눈에 보기

1학년

1학기

단원	학습 내용
9까지의 수	· 9까지의 수의 순서 알기 · 수를 세어 크기 비교하기
덧셈	· 9까지의 수 모으기 · 합이 9까지인 덧셈하기
뺄셈	· 9까지의 수 가르기 · 한 자리 수의 뺄셈하기
50까지의 수	· 십몇 알고 모으기와 가르기 · 50까지의 수의 순서 알기 · 50까지의 수의 크기 비교

2학기

단원	학습 내용
100까지의 수	· 100까지의 수의 순서 알기 · 100까지 수의 크기 비교하기
덧셈(1)	· (몇십몇)+(몇십몇) · 합이 한 자리 수인 세 수의 덧셈
뺄셈(1)	· (몇십몇)−(몇십몇) · 계산 결과가 한 자리 수인 세 수의 뺄셈
덧셈(2)	· 세 수의 덧셈 · 받아올림이 있는 (몇)+(몇)
뺄셈(2)	· 세 수의 뺄셈 · 받아내림이 있는 (십몇)−(몇)

2학년

1학기

단원	학습 내용
세 자리 수	· 세 자리 수의 자릿값 알기 · 수의 크기 비교
덧셈	· 받아올림이 있는 (두 자리 수)+(두 자리 수) · 세 수의 덧셈
뺄셈	· 받아내림이 있는 (두 자리 수)−(두 자리 수) · 세 수의 뺄셈
곱셈	· 몇 배인지 알아보기 · 곱셈식으로 나타내기

2학기

단원	학습 내용
네 자리 수	· 네 자리 수 알기 · 두 수의 크기 비교
곱셈구구	· 2~9단 곱셈구구 · 1의 단, 0과 어떤 수의 곱
길이 재기	· 길이의 합 · 길이의 차
시각과 시간	· 시각 읽기 · 시각과 분 사이의 관계 · 하루, 1주일, 달력 알기

3학년

1학기

단원	학습 내용
덧셈	· 받아올림이 있는 (세 자리 수)+(세 자리 수)
뺄셈	· 받아내림이 있는 (세 자리 수)−(세 자리 수)
나눗셈	· 곱셈과 나눗셈의 관계 · 나눗셈의 몫 구하기
곱셈	· 올림이 있는 (몇십몇)×(몇)
길이와 시간의 덧셈과 뺄셈	· 길이의 덧셈과 뺄셈 · 시간의 덧셈과 뺄셈
분수와 소수	· 분모가 같은 분수의 크기 비교 · 소수의 크기 비교

2학기

단원	학습 내용
곱셈	· 올림이 있는 (세 자리 수)×(한 자리 수) · 올림이 있는 (몇십몇)×(몇십몇)
나눗셈	· 나머지가 있는 (몇십몇)÷(몇) · 나머지가 있는 (세 자리 수)÷(한 자리 수)
분수	· 진분수, 가분수, 대분수 · 대분수를 가분수로 나타내기 · 가분수를 대분수로 나타내기 · 분모가 같은 분수의 크기 비교
들이와 무게	· 들이의 덧셈과 뺄셈 · 무게의 덧셈과 뺄셈

쌍둥이 연산 노트는 수학 교과서의 연산과 관련된 모든 영역의 문제를
학교 수업 차시에 맞게 구성하였습니다.

4학년

1학기

단원	학습 내용
큰 수	· 다섯 자리 수 · 천만, 천억, 천조 알기 · 수의 크기 비교
각도	· 각도의 합과 차 · 삼각형의 세 각의 크기의 합 · 사각형의 네 각의 크기의 합
곱셈	· (몇백)×(몇십) · (세 자리 수)×(두 자리 수)
나눗셈	· (몇백몇십)÷(몇십) · (세 자리 수)÷(두 자리 수)

2학기

단원	학습 내용
분수의 덧셈	· 분모가 같은 분수의 덧셈 · 진분수 부분의 합이 1보다 큰 대분수의 덧셈
분수의 뺄셈	· 분모가 같은 분수의 뺄셈 · 받아내림이 있는 대분수의 뺄셈
소수의 덧셈	· (소수 두 자리 수)+(소수 두 자리 수) · 자릿수가 다른 소수의 덧셈
소수의 뺄셈	· (소수 두 자리 수)−(소수 두 자리 수) · 자릿수가 다른 소수의 뺄셈
다각형	· 삼각형, 평행사변형, 마름모, 직사각형의 각도와 길이 구하기

5학년

1학기

단원	학습 내용
자연수의 혼합 계산	· 덧셈, 뺄셈, 곱셈, 나눗셈이 섞여 있는 식 계산하기
약수와 배수	· 약수와 배수 · 최대공약수와 최소공배수
약분과 통분	· 약분과 통분 · 분수와 소수의 크기 비교
분수의 덧셈과 뺄셈	· 받아올림이 있는 분수의 덧셈 · 받아내림이 있는 분수의 뺄셈
다각형의 둘레와 넓이	· 정다각형의 둘레 · 사각형, 평행사변형, 삼각형, 마름모, 사다리꼴의 넓이

2학기

단원	학습 내용
어림하기	· 올림, 버림, 반올림
분수의 곱셈	· (분수)×(자연수) · (자연수)×(분수) · (분수)×(분수) · 세 분수의 곱셈
소수의 곱셈	· (소수)×(자연수) · (자연수)×(소수) · (소수)×(소수) · 곱의 소수점의 위치
자료의 표현	· 평균 구하기

6학년

1학기

단원	학습 내용
분수의 나눗셈	· (자연수)÷(자연수) · (분수)÷(자연수)
소수의 나눗셈	· (소수)÷(자연수) · (자연수)÷(자연수)
비와 비율	· 비와 비율 구하기 · 비율을 백분율, 백분율을 비율로 나타내기
직육면체의 부피와 겉넓이	· 직육면체의 부피와 겉넓이 · 정육면체의 부피와 겉넓이

2학기

단원	학습 내용
분수의 나눗셈	· (진분수)÷(진분수) · (자연수)÷(분수) · (대분수)÷(대분수)
소수의 나눗셈	· (소수)÷(소수) · (자연수)÷(소수) · 몫을 반올림하여 나타내기
비례식과 비례배분	· 간단한 자연수의 비로 나타내기 · 비례식과 비례배분
원주와 원의 넓이	· 원주, 지름, 반지름 구하기 · 원의 넓이 구하기

쌍둥이 연산 노트

구성과 유의점

단원	학습 내용	지도 시 유의점	표준 시간
큰 수	01 다섯 자리 수 알기	다섯 자리 수의 구성 원리를 이해시키고, 쓰고 읽는 방법을 익히게 합니다.	8분
	02 천만 단위까지의 수 알기	10000이 10개, 100개, 1000개인 수로 십만, 백만, 천만을 이해하게 하고, 천만 단위까지 수를 쓰고 읽게 합니다.	7분
	03 천억 단위까지의 수 알기	천만의 10배, 천억의 10배인 수로 억과 조를 이해하게 하고, 억과 조 단위까지 수를 쓰고 읽게 합니다.	7분
	04 천조 단위까지의 수 알기		7분
	05 뛰어 세기	다양한 문제 상황에서 뛰어 세는 규칙을 발견하여 뛰어 세어 보게 합니다.	7분
	06 수의 크기 비교(1)	자릿수가 서로 다른 수, 자리 수가 같은 수를 비교하는 방법을 익히게 합니다.	12분
	07 수의 크기 비교(2)		12분
각도	01 각도의 합(1)	두 각을 모아 보는 활동을 통해 각도의 합을 자연수의 덧셈과 연계하여 이해시킵니다.	9분
	02 각도의 합(2)		15분
	03 각도의 차(1)	두 각을 겹쳐 보는 활동을 통해 각도의 차를 자연수의 뺄셈과 연계하여 이해시킵니다.	9분
	04 각도의 차(2)		15분
	05 삼각형의 세 각의 크기의 합(1)	삼각형의 세 각의 크기의 합은 180°임을 반드시 이해시킵니다.	9분
	06 삼각형의 세 각의 크기의 합(2)		11분
	07 사각형의 네 각의 크기의 합(1)	사각형의 네 각의 크기의 합은 360°임을 반드시 이해시킵니다.	9분
	08 사각형의 네 각의 크기의 합(2)		11분
곱셈	01 (몇백)×(몇십)(1)	(몇백)×(몇십)의 계산 원리를 형식화하고, 계산을 하게 합니다.	13분
	02 (몇백)×(몇십)(2)		13분
	03 (몇백)×(몇십)(3)		13분
	04 (세 자리 수)×(몇십)(1)	(세 자리 수)×(몇십)의 계산 원리를 형식화하고, 계산을 하게 합니다.	13분
	05 (세 자리 수)×(몇십)(2)		13분
	06 (세 자리 수)×(몇십)(3)		13분

◆ 차시별 2쪽 구성으로 차시의 중요도별로 A~C단계로 2~6쪽까지 집중적으로 학습할 수 있습니다.
◆ 차시별 예습 2쪽+복습 2쪽 구성으로 시기별로 2번 반복할 수 있습니다.

단원	학습 내용	지도 시 유의점	표준 시간
곱셈	**07** (세 자리 수)×(두 자리 수)(1)	(세 자리 수)×(두 자리 수)의 계산 원리를 형식화하고, 계산을 하게 합니다.	13분
	08 (세 자리 수)×(두 자리 수)(2)		13분
	09 (세 자리 수)×(두 자리 수)(3)		15분
나눗셈	**01** (몇백몇십)÷(몇십)(1)	(몇백몇십)÷(몇십)의 계산 원리를 형식화하고, 계산하여 계산 결과를 확인하게 합니다.	13분
	02 (몇백몇십)÷(몇십)(2)		15분
	03 (몇백몇십)÷(몇십)(3)		15분
	04 (세 자리 수)÷(몇십)(1)	(세 자리 수)÷(몇십)의 계산 원리를 형식화하고, 계산하여 계산 결과를 확인하게 합니다.	13분
	05 (세 자리 수)÷(몇십)(2)		15분
	06 (세 자리 수)÷(몇십)(3)		15분
	07 몫이 한 자리 수인 (두 자리 수)÷(두 자리 수)(1)	· 몫이 한 자리 수가 되고 나누어떨어지는 (두 자리 수)÷(두 자리 수)의 계산 원리를 형식화하게 합니다. · 몫이 한 자리 수가 되고 나머지가 있는 (두 자리 수)÷(두 자리 수)의 계산 원리를 형식화하게 합니다.	13분
	08 몫이 한 자리 수인 (두 자리 수)÷(두 자리 수)(2)		15분
	09 몫이 한 자리 수인 (두 자리 수)÷(두 자리 수)(3)		15분
	10 몫이 한 자리 수인 (세 자리 수)÷(두 자리 수)(1)	· 곱셈을 이용하여 부분 몫을 구하는 활동을 통해 몫이 한 자리 수가 되는 (세 자리 수)÷(두 자리 수)의 계산 원리를 형식화하게 합니다. · 몫이 한 자리 수가 되고 나머지가 있는 (세 자리 수)÷(두 자리 수)의 계산 원리를 형식화하게 합니다.	13분
	11 몫이 한 자리 수인 (세 자리 수)÷(두 자리 수)(2)		15분
	12 몫이 한 자리 수인 (세 자리 수)÷(두 자리 수)(3)		15분
	13 몫이 두 자리 수인 (세 자리 수)÷(두 자리 수)①(1)	· 곱셈을 이용하여 부분 몫을 구하는 활동을 통해 몫이 두 자리 수가 되는 (세 자리 수)÷(두 자리 수)의 계산 원리를 형식화하게 합니다. · 몫이 두 자리 수가 되고 나누어떨어지는 (세 자리 수)÷(두 자리 수)의 계산 원리를 형식화하게 합니다. · 몫이 두 자리 수가 되고 나머지가 있는 (세 자리 수)÷(두 자리 수)의 계산 원리를 형식화하게 합니다. · 몫이 두 자리 수가 되고 나머지가 있는 (세 자리 수)÷(두 자리 수)를 계산하고 계산 결과를 확인하게 합니다.	13분
	14 몫이 두 자리 수인 (세 자리 수)÷(두 자리 수)①(2)		15분
	15 몫이 두 자리 수인 (세 자리 수)÷(두 자리 수)①(3)		15분
	16 몫이 두 자리 수인 (세 자리 수)÷(두 자리 수)②(1)		13분
	17 몫이 두 자리 수인 (세 자리 수)÷(두 자리 수)②(2)		15분
	18 몫이 두 자리 수인 (세 자리 수)÷(두 자리 수)②(3)		15분

01 다섯 자리 수 알기

A

○ 몇만 알아보기

수	10000이 2개	10000이 3개	10000이 4개	……	10000이 9개
쓰기	20000 (또는 2만)	30000 (또는 3만)	40000 (또는 4만)	……	90000 (또는 9만)
읽기	이만	삼만	사만	……	구만

원리 비법 **10000은 1000이 10개**인 수야!

빈칸에 알맞은 수나 말을 써넣으세요.

1

수	10000이 6개
쓰기	
읽기	

5

수	10000이 3개
쓰기	
읽기	

2

수	10000이 9개
쓰기	
읽기	

6

수	10000이 2개
쓰기	
읽기	

3

수	10000이 5개
쓰기	
읽기	

7

수	10000이 7개
쓰기	
읽기	

4

수	10000이 8개
쓰기	
읽기	

8

수	10000이 4개
쓰기	
읽기	

정답 92쪽

공부한 날짜	맞힌 개수	걸린 시간
월 일	/24	분

□ 안에 알맞은 수를 써넣으세요.

9 10000이 6개이면 □입니다.

10 10000이 2개이면 □입니다.

11 10000이 1개이면 □입니다.

12 10000이 3개이면 □입니다.

13 10000이 8개이면 □입니다.

14 10000이 2개이면 □입니다.

15 10000이 5개이면 □입니다.

16 10000이 9개이면 □입니다.

17 10000이 8개이면 □입니다.

18 10000이 5개이면 □입니다.

19 10000이 9개이면 □입니다.

20 10000이 4개이면 □입니다.

21 10000이 7개이면 □입니다.

22 10000이 3개이면 □입니다.

23 10000이 6개이면 □입니다.

24 10000이 4개이면 □입니다.

02 천만 단위까지의 수 알기 A

○ **47120000 알아보기**

4	7	1	2	0	0	0	0
천	백	십	일	천	백	십	일
			만				일

➡ **47120000 = 40000000 + 7000000 + 100000 + 20000**

10000이 4712개이면 47120000 또는 4712만이라 쓰고, 사천칠백십이만이라고 읽습니다.

원리 비법 일의 자리부터 **네 자리씩** 나누어 읽으면 돼!

주어진 수를 표의 빈칸에 써넣으세요.

❶ 38190000

천	백	십	일	천	백	십	일
			만				일

❷ 74860000

천	백	십	일	천	백	십	일
			만				일

❸ 19310000

천	백	십	일	천	백	십	일
			만				일

❹ 26970000

천	백	십	일	천	백	십	일
			만				일

❺ 56980000

천	백	십	일	천	백	십	일
			만				일

❻ 60420000

천	백	십	일	천	백	십	일
			만				일

정답 92쪽

공부한 날짜	맞힌 개수	걸린 시간
월 일	/18	분

◆ □ 안에 알맞은 수를 써넣으세요.

7. 62646084는 만이 □개, 일이 □개인 수입니다.

8. 91545974는 만이 □개, 일이 □개인 수입니다.

9. 42545084는 만이 □개, 일이 □개인 수입니다.

10. 88212641은 만이 □개, 일이 □개인 수입니다.

11. 24756296은 만이 □개, 일이 □개인 수입니다.

12. 76080428은 만이 □개, 일이 □개인 수입니다.

13. 37089539는 만이 □개, 일이 □개인 수입니다.

14. 57191539는 만이 □개, 일이 □개인 수입니다.

15. 56195465는 만이 □개, 일이 □개인 수입니다.

16. 87912921은 만이 □개, 일이 □개인 수입니다.

17. 18039608은 만이 □개, 일이 □개인 수입니다.

18. 34587853은 만이 □개, 일이 □개인 수입니다.

03 천억 단위까지의 수 알기 A

506300000000 알아보기

5	0	6	3	0	0	0	0	0	0	0	0
천	백	십	일	천	백	십	일	천	백	십	일
			억				만				일

506300000000 = 500000000000 + 6000000000 + 300000000

1억이 5063개이면 506300000000 또는 5063억이라 쓰고, 오천육십삼억이라고 읽습니다.

원리 비법 숫자가 **0인 자리**는 읽지 않아!

주어진 수를 표의 빈칸에 써넣으세요.

1 451800000000

천	백	십	일	천	백	십	일	천	백	십	일
			억				만				일

2 349700000000

천	백	십	일	천	백	십	일	천	백	십	일
			억				만				일

3 916400000000

천	백	십	일	천	백	십	일	천	백	십	일
			억				만				일

4 127500000000

천	백	십	일	천	백	십	일	천	백	십	일
			억				만				일

정답 92쪽

공부한 날짜	맞힌 개수	걸린 시간
월 일	/12	분

☐ 안에 알맞은 수를 써넣으세요.

5 562962471053은 억이 ☐개, 만이 ☐개, 일이 ☐개인 수입니다.

6 916403815497은 억이 ☐개, 만이 ☐개, 일이 ☐개인 수입니다.

7 784282693275는 억이 ☐개, 만이 ☐개, 일이 ☐개인 수입니다.

8 895393704386은 억이 ☐개, 만이 ☐개, 일이 ☐개인 수입니다.

9 238623037619는 억이 ☐개, 만이 ☐개, 일이 ☐개인 수입니다.

10 127513926508은 억이 ☐개, 만이 ☐개, 일이 ☐개인 수입니다.

11 349734148720은 억이 ☐개, 만이 ☐개, 일이 ☐개인 수입니다.

12 673172582164는 억이 ☐개, 만이 ☐개, 일이 ☐개인 수입니다.

04 천조 단위까지의 수 알기 A

○ 2198000000000000 알아보기

2	1	9	8	0	0	0	0	0	0	0	0	0	0	0	0
천	백	십	일	천	백	십	일	천	백	십	일	천	백	십	일
			조				억				만				일

➡ 2198000000000000 = 2000000000000000 + 100000000000000
+ 90000000000000 + 8000000000000

1조가 2198개이면 2198000000000000 또는 2198조라 쓰고, 이천백구십팔조라고 읽습니다.

원리 비법 일의 자리부터 네 자리씩 나누어 **만, 억, 조**를 붙여 읽어!

주어진 수를 표의 빈칸에 써넣으세요.

1. 3486000000000000

천	백	십	일	천	백	십	일	천	백	십	일	천	백	십	일
			조				억				만				일

2. 8042000000000000

천	백	십	일	천	백	십	일	천	백	십	일	천	백	십	일
			조				억				만				일

3. 1264000000000000

천	백	십	일	천	백	십	일	천	백	십	일	천	백	십	일
			조				억				만				일

정답 92쪽

공부한 날짜	맞힌 개수	걸린 시간
월 일	/11	분

빈칸에 알맞은 수를 써넣으세요.

4 5608592698312503은 조가 [ ]개, 억이 [ ]개, 만이 [ ]개, 일이 [ ]개인 수입니다.

5 7931775921643836은 조가 [ ]개, 억이 [ ]개, 만이 [ ]개, 일이 [ ]개인 수입니다.

6 9153987143861958은 조가 [ ]개, 억이 [ ]개, 만이 [ ]개, 일이 [ ]개인 수입니다.

7 6719693709422614는 조가 [ ]개, 억이 [ ]개, 만이 [ ]개, 일이 [ ]개인 수입니다.

8 5719573708333159는 조가 [ ]개, 억이 [ ]개, 만이 [ ]개, 일이 [ ]개인 수입니다.

9 4597491587202492는 조가 [ ]개, 억이 [ ]개, 만이 [ ]개, 일이 [ ]개인 수입니다.

10 6820674810533725는 조가 [ ]개, 억이 [ ]개, 만이 [ ]개, 일이 [ ]개인 수입니다.

11 2375289365081270은 조가 [ ]개, 억이 [ ]개, 만이 [ ]개, 일이 [ ]개인 수입니다.

05 뛰어 세기 A

10000씩 뛰어 세기

30000 — 40000 — 50000 — 60000 → 만의 자리가 1씩 커집니다.

1억씩 뛰어 세기

51억 — 52억 — 53억 — 54억 → 억의 자리가 1씩 커집니다.

1조씩 뛰어 세기

302조 — 303조 — 304조 — 305조 → 조의 자리가 1씩 커집니다.

원리 비법 **변하는 자릿수**의 숫자를 보면 몇씩 뛰어 셌는지 알 수 있어!

뛰어서 센 수입니다. 빈칸에 알맞은 수를 써넣으세요.

1	825억		845억	855억		875억	885억	
2		91만	92만	93만		95만	96만	
3	8265조			8565조		8765조	8865조	8965조
4	2698억	3698억		5698억	6698억			9698억
5		27조	37조		57조	67조		87조
6	6407만	6417만	6427만	6437만			6467만	

정답 93쪽

공부한 날짜	맞힌 개수	걸린 시간
월 일	/14	분

뛰어서 센 수입니다. 빈칸에 알맞은 수를 써넣으세요.

7		39억	49억	59억	69억	79억		
8	907조		927조		947조		967조	977조
9	158만	258만		458만	558만		758만	
10	5821조	5822조	5823조				5827조	5828조
11	26만	36만		56만		76만		96만
12	14조		34조	44조	54조			84조
13	7143억		7343억		7543억	7643억		7843억
14	582억	583억	584억		586억		588억	

06 수의 크기 비교 A

○ **6107821과 12489210의 크기 비교**

6107821 < 12489210
7자리　8자리

➡ 6107821은 7자리 수이고, 12489210은 8자리 수이므로 12489210이 큰 수입니다.

원리 비법 자릿수가 다르면 **자릿수가 많은** 쪽이 큰 수야!

두 수의 크기를 비교하여 ○ 안에 >, <를 알맞게 써넣으세요.

1. 26191919 ○ 3508890
2. 863786 ○ 46198019
3. 58314231 ○ 57209
4. 59422342 ○ 6831923
5. 7204120 ○ 794293
6. 42564 ○ 8053945
7. 7201120 ○ 6412
8. 532453 ○ 7523713
9. 14973897 ○ 863482
10. 81808 ○ 9745935
11. 6193019 ○ 1856
12. 48311231 ○ 29671
13. 752675 ○ 31782682
14. 25083908 ○ 4289379

정답 93쪽

공부한 날짜	맞힌 개수	걸린 시간
월 일	/30	분

두 수의 크기를 비교하여 ○ 안에 >, <를 알맞게 써넣으세요.

⑮ 9424342 ○ 53904800

⑯ 7206120 ○ 640159

⑰ 13865786 ○ 75126

⑱ 2497 ○ 86237237

⑲ 534453 ○ 9734834

⑳ 1647564 ○ 18459

㉑ 13868786 ○ 1956056

㉒ 24975897 ○ 206711

㉓ 46196019 ○ 317827

㉔ 92755675 ○ 4289389

㉕ 537453 ○ 5301412

㉖ 5086908 ○ 64025225

㉗ 12757 ○ 7513613

㉘ 45564 ○ 86247247

㉙ 7942734 ○ 973583

㉚ 8316231 ○ 28469469

07 수의 크기 비교 B

○ **26831094와 26811094의 크기 비교**

26831094 > 26811094
(3>1)

➡ 자릿수가 같고, 만의 자리에서 26831094가 26811094보다 큰 수이므로 26831094가 큰 수입니다.

원리 비법 자릿수가 같으면 **높은 자리 수부터** 차례로 비교하면 돼!

두 수의 크기를 비교하여 ○ 안에 >, <를 알맞게 써넣으세요.

1. 15139227 ○ 26260448
2. 94118216 ○ 93957115
3. 51693377 ○ 60674882
4. 61725873 ○ 60644772
5. 26230338 ○ 25289337
6. 48523651 ○ 48442550
7. 37412549 ○ 37341449
8. 26311438 ○ 24058226
9. 72826984 ○ 37361559
10. 83937095 ○ 82856994
11. 71755883 ○ 71775993
12. 59624762 ○ 59543661
13. 94038116 ○ 48462660
14. 15219327 ○ 59573771

정답 93쪽

공부한 날짜	맞힌 개수	걸린 시간
월 일	/30	분

두 수의 크기를 비교하여 ○ 안에 >, <를 알맞게 써넣으세요.

15. 36380448 ○ 35184727

16. 93987115 ○ 91250383

17. 58592660 ○ 57116949

18. 13372595 ○ 13372605

19. 47491559 ○ 46195838

20. 79238161 ○ 35184727

21. 68127050 ○ 24383616

22. 68127050 ○ 57116949

23. 14188226 ○ 13372505

24. 70794882 ○ 79238161

25. 46195838 ○ 42261494

26. 82876004 ○ 80249272

27. 12261494 ○ 22261494

28. 69693771 ○ 24383616

29. 79249272 ○ 80249272

30. 91250383 ○ 91250386

01 각도의 합 A

○ $15^\circ + 20^\circ$의 계산

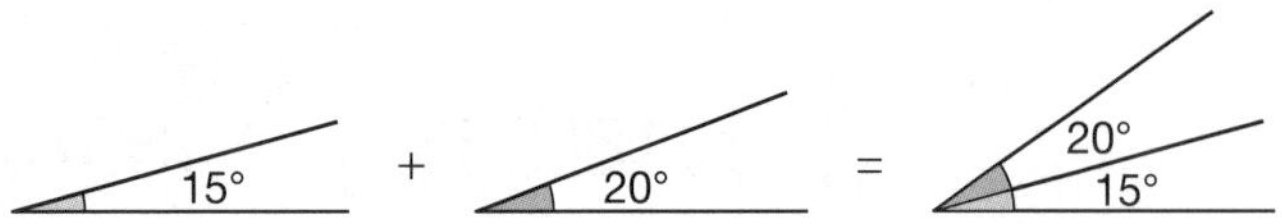

➡ $15^\circ + 20^\circ = 35^\circ$

원리 비법 °는 '도'라고 읽고, **각도를 표시하는 기호**야.

그림을 보고 각도의 합을 구하세요.

1

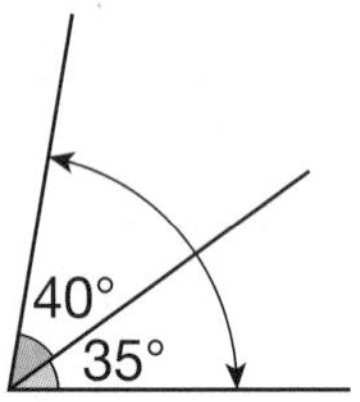

➡ $35^\circ + 40^\circ =$ □

2

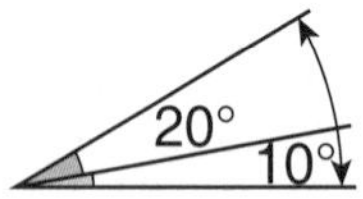

➡ $10^\circ + 20^\circ =$ □

3

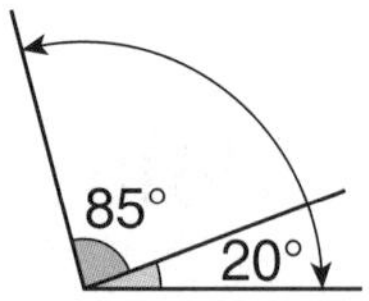

➡ $20^\circ + 85^\circ =$ □

4

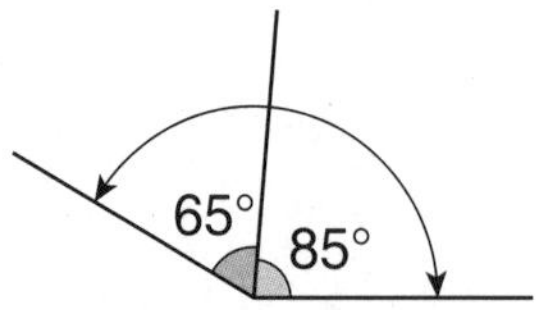

➡ $85^\circ + 65^\circ =$ □

5

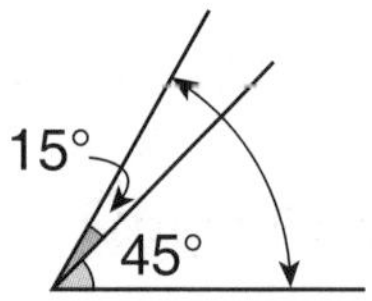

➡ $45^\circ + 15^\circ =$ □

6

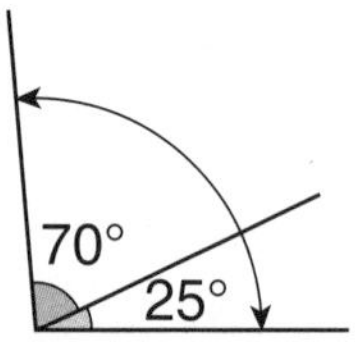

➡ $25^\circ + 70^\circ =$ □

7

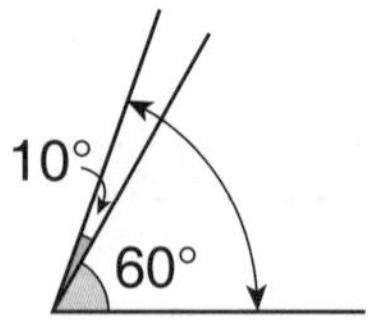

➡ $60^\circ + 10^\circ =$ □

8

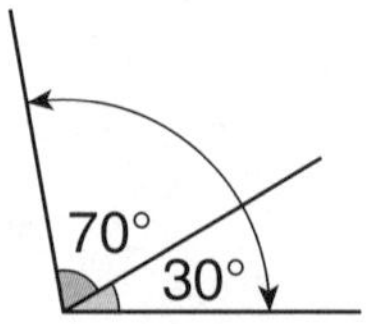

➡ $30^\circ + 70^\circ =$ □

정답 94쪽

공부한 날짜	맞힌 개수	걸린 시간
월 일	/18	분

그림을 보고 각도의 합을 구하세요.

9

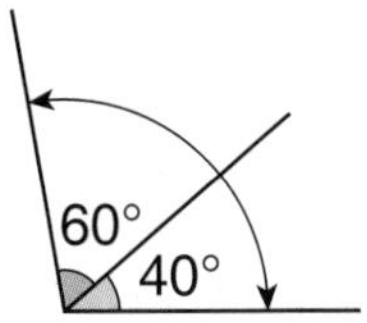

➡ $40^\circ + 60^\circ =$ ☐

10

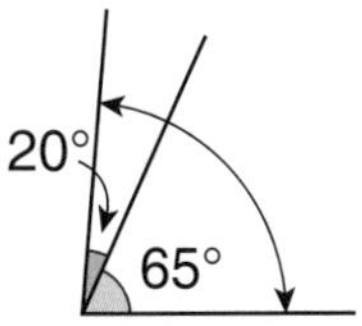

➡ $65^\circ + 20^\circ =$ ☐

11

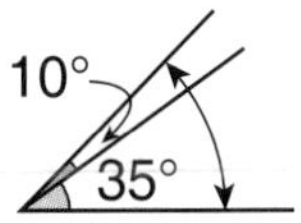

➡ $35^\circ + 10^\circ =$ ☐

12

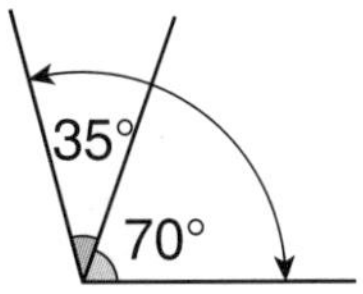

➡ $70^\circ + 35^\circ =$ ☐

13

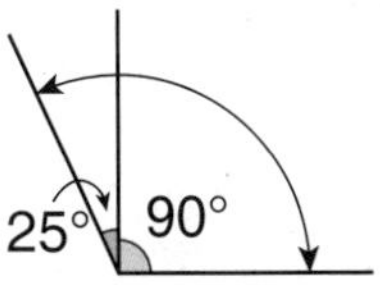

➡ $90^\circ + 25^\circ =$ ☐

14

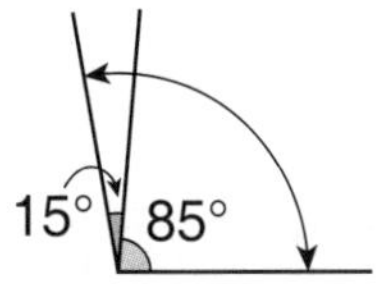

➡ $85^\circ + 15^\circ =$ ☐

15

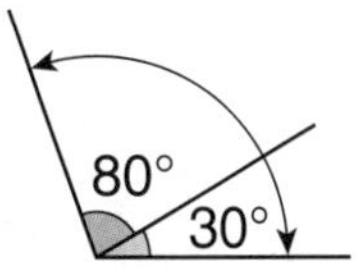

➡ $30^\circ + 80^\circ =$ ☐

16

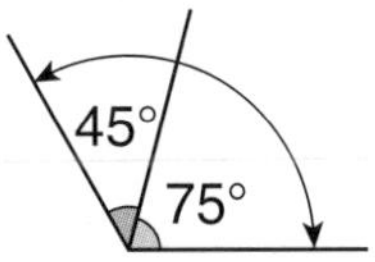

➡ $75^\circ + 45^\circ =$ ☐

17

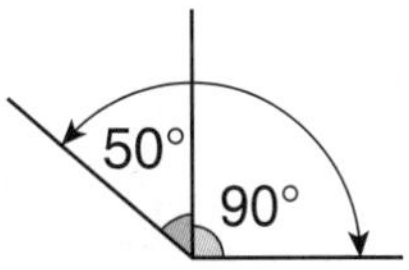

➡ $90^\circ + 50^\circ =$ ☐

18

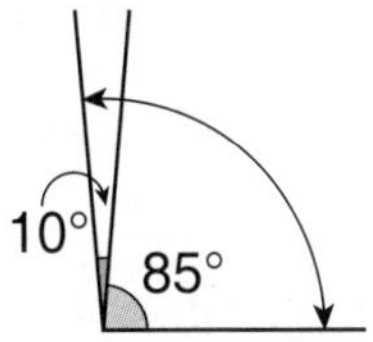

➡ $85^\circ + 10^\circ =$ ☐

02 각도의 합

B

○ $25^\circ + 45^\circ$의 계산

$$25^\circ + 45^\circ = 70^\circ$$

25 + 45 = 70

➡ $25 + 45 = 70$이므로 $25^\circ + 45^\circ = 70^\circ$입니다.

원리 비법 **자연수의 덧셈**과 같은 방법으로 계산하면 돼!

◆ 각도의 합을 구하세요.

❶ $25^\circ + 35^\circ$

❷ $60^\circ + 45^\circ$

❸ $60^\circ + 80^\circ$

❹ $30^\circ + 15^\circ$

❺ $80^\circ + 80^\circ$

❻ $85^\circ + 70^\circ$

❼ $65^\circ + 35^\circ$

❽ $90^\circ + 95^\circ$

❾ $55^\circ + 55^\circ$

❿ $65^\circ + 70^\circ$

⓫ $50^\circ + 30^\circ$

⓬ $50^\circ + 65^\circ$

⓭ $10^\circ + 15^\circ$

⓮ $75^\circ + 60^\circ$

⓯ $20^\circ + 35^\circ$

⓰ $90^\circ + 85^\circ$

⓱ $40^\circ + 50^\circ$

⓲ $80^\circ + 75^\circ$

정답 94쪽

공부한 날짜	맞힌 개수	걸린 시간
월 일	/39	분

각도의 합을 구하세요.

⑲ $85^\circ+60^\circ$

⑳ $30^\circ+85^\circ$

㉑ $85^\circ+85^\circ$

㉒ $25^\circ+30^\circ$

㉓ $90^\circ+70^\circ$

㉔ $20^\circ+20^\circ$

㉕ $55^\circ+10^\circ$

㉖ $40^\circ+55^\circ$

㉗ $85^\circ+5^\circ$

㉘ $15^\circ+55^\circ$

㉙ $85^\circ+25^\circ$

㉚ $35^\circ+90^\circ$

㉛ $45^\circ+30^\circ$

㉜ $95^\circ+95^\circ$

㉝ $25^\circ+10^\circ$

㉞ $80^\circ+85^\circ$

㉟ $90^\circ+10^\circ$

㊱ $55^\circ+65^\circ$

㊲ $40^\circ+15^\circ$

㊳ $65^\circ+80^\circ$

㊴ $65^\circ+15^\circ$

03 각도의 차

A

○ $70^\circ - 20^\circ$의 계산

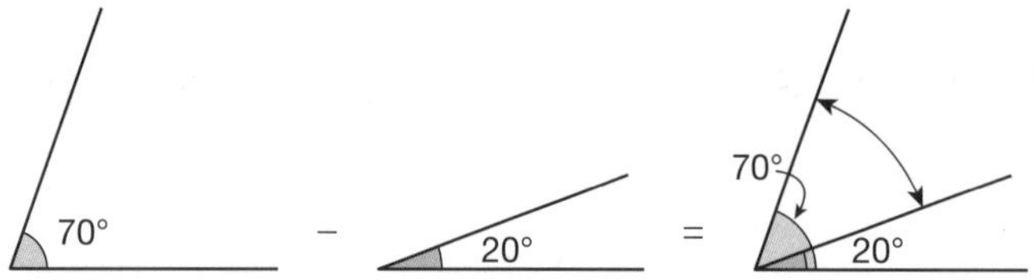

➡ $70^\circ - 20^\circ = 50^\circ$

원리 비법 **큰 각도**에서 **작은 각도**를 빼면 돼!

◈ 그림을 보고 각도의 차를 구하세요.

❶

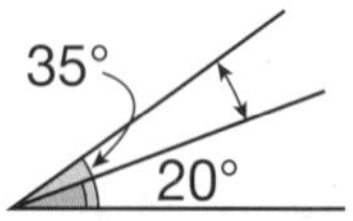

➡ $35^\circ - 20^\circ =$ □

❷

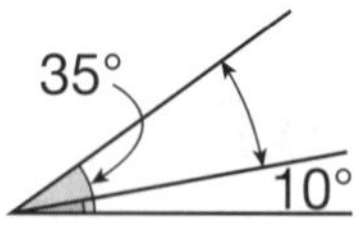

➡ $35^\circ - 10^\circ =$ □

❸

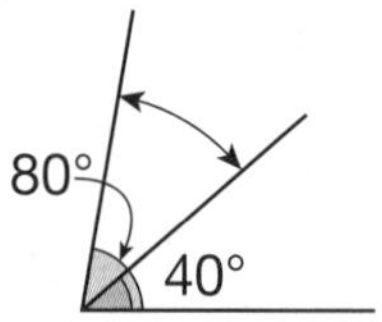

➡ $80^\circ - 40^\circ =$ □

❹

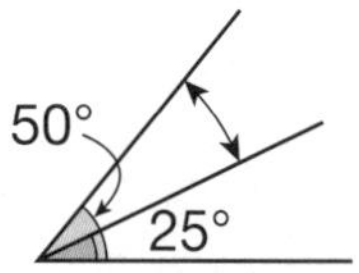

➡ $50^\circ - 25^\circ =$ □

❺

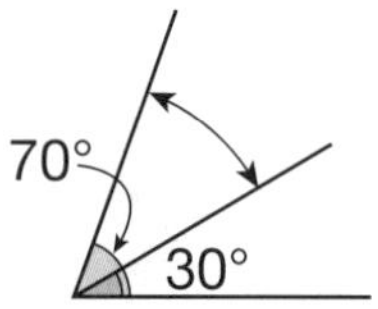

➡ $70^\circ - 30^\circ =$ □

❻

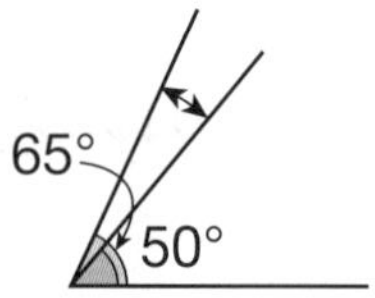

➡ $65^\circ - 50^\circ =$ □

❼

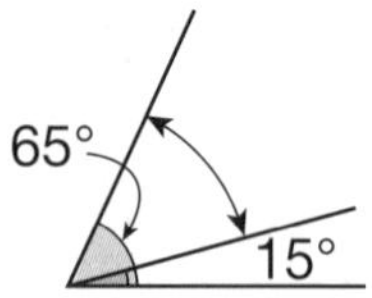

➡ $65^\circ - 15^\circ =$ □

❽

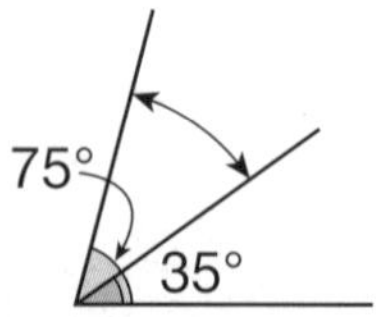

➡ $75^\circ - 35^\circ =$ □

정답 94쪽

공부한 날짜	맞힌 개수	걸린 시간
월 일	/18	분

그림을 보고 각도의 차를 구하세요.

9
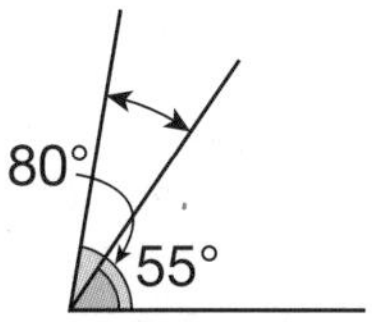

➡ $80° - 55° = \square$

10
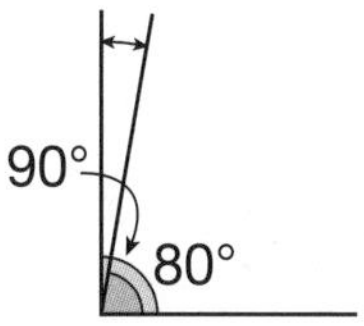

➡ $90° - 80° = \square$

11
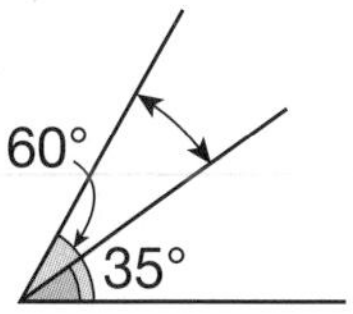

➡ $60° - 35° = \square$

12
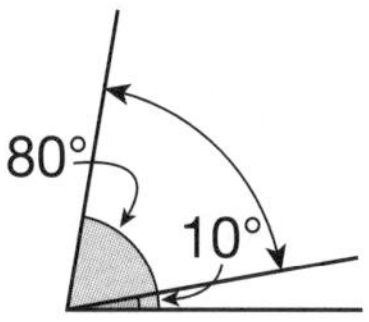

➡ $80° - 10° = \square$

13
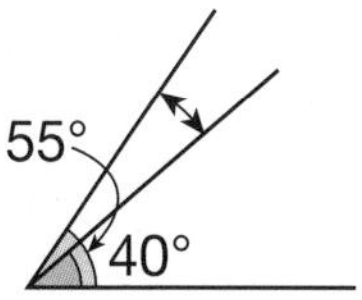

➡ $55° - 40° = \square$

14
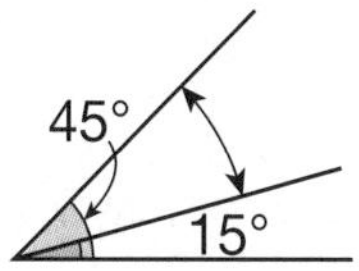

➡ $45° - 15° = \square$

15
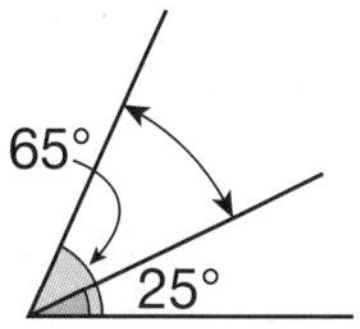

➡ $65° - 25° = \square$

16
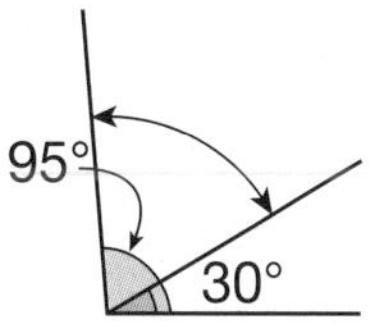

➡ $95° - 30° = \square$

17
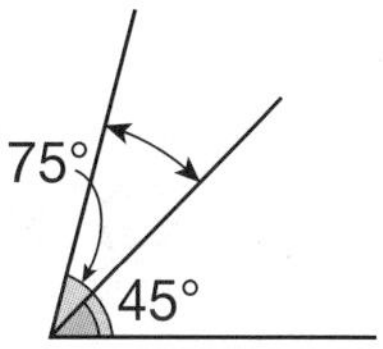

➡ $75° - 45° = \square$

18
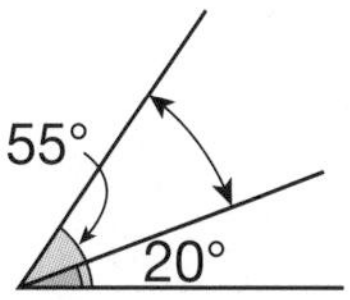

➡ $55° - 20° = \square$

04 각도의 차 B

○ 80° − 35°의 계산

$$80^\circ - 35^\circ = 45^\circ$$

80 − 35 = 45

➡ 80 − 35 = 45이므로 80° − 35° = 45°입니다.

원리 비법 **자연수의 뺄셈**과 같은 방법으로 계산하면 돼!

각도의 차를 구하세요.

1. 95° − 75°
2. 50° − 35°
3. 60° − 15°
4. 80° − 50°
5. 120° − 70°
6. 45° − 10°
7. 130° − 70°
8. 90° − 65°
9. 110° − 15°
10. 95° − 90°
11. 25° − 20°
12. 95° − 80°
13. 65° − 55°
14. 50° − 30°
15. 65° − 60°
16. 105° − 45°
17. 70° − 40°
18. 110° − 25°

정답 94쪽

공부한 날짜	맞힌 개수	걸린 시간
월 일	/39	분

각도의 차를 구하세요.

⑲ $60° - 40°$

⑳ $75° - 25°$

㉑ $120° - 55°$

㉒ $95° - 70°$

㉓ $80° - 75°$

㉔ $115° - 55°$

㉕ $85° - 30°$

㉖ $80° - 30°$

㉗ $30° - 25°$

㉘ $70° - 50°$

㉙ $45° - 20°$

㉚ $75° - 20°$

㉛ $85° - 80°$

㉜ $110° - 45°$

㉝ $60° - 10°$

㉞ $65° - 40°$

㉟ $125° - 50°$

㊱ $55° - 15°$

㊲ $80° - 65°$

㊳ $85° - 35°$

㊴ $135° - 55°$

05 삼각형의 세 각의 크기의 합 A

○ 삼각형에서 두 각의 크기를 알 때 나머지 한 각의 크기 구하기

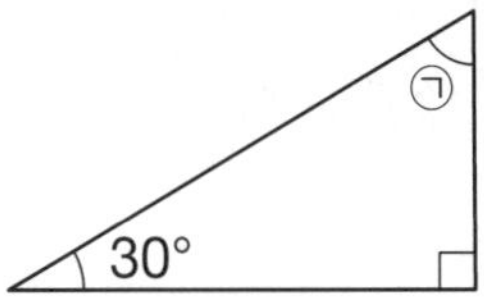

➡ 삼각형의 세 각의 크기가 각각 ㉠, 30°, 90°일 때
세 각의 크기의 합은 180°이므로
㉠+30°+90°=180°이고, ㉠=180°−30°−90°=60°입니다.

원리 비법 삼각형의 세 각의 크기의 합은 **180°**야!

㉠의 각도를 구하세요.

1

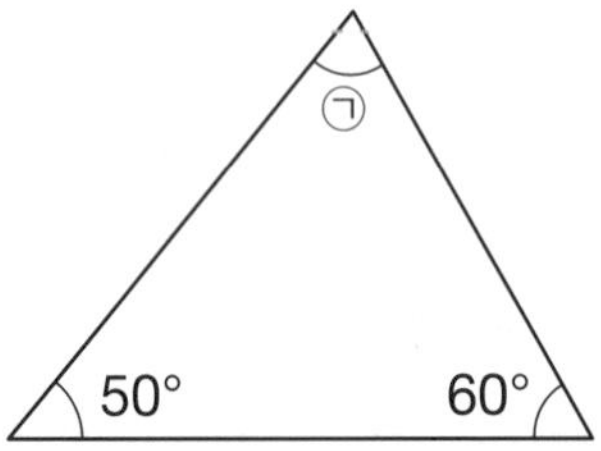

㉠+50°+60°=180°

㉠=180°−50°−60°=☐

2

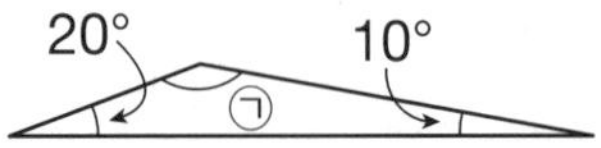

㉠+20°+10°=180°

㉠=180°−20°−10°=☐

3

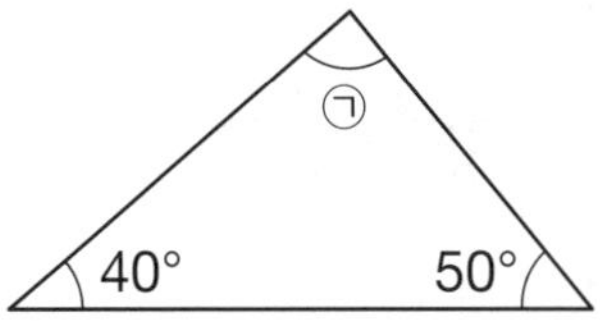

㉠+40°+50°=180°

㉠=180°−40°−50°=☐

4

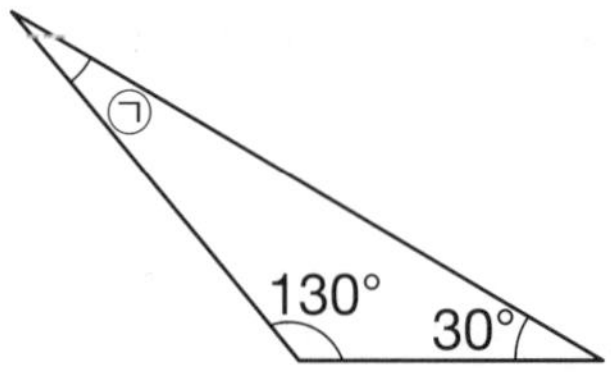

㉠+130°+30°=180°

㉠=180°−130°−30°=☐

5

㉠+120°+10°=180°

㉠=180°−120°−10°=☐

6

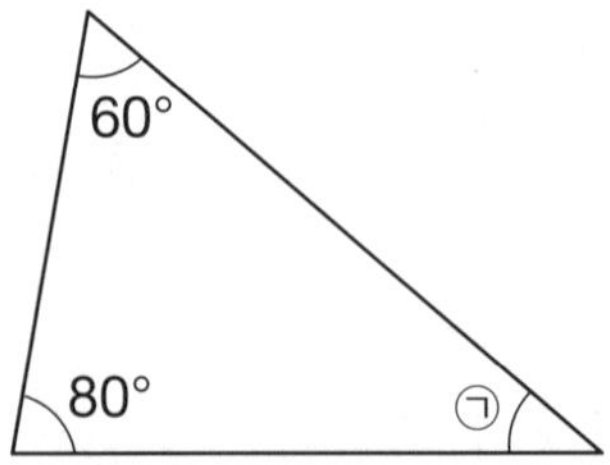

㉠+60°+80°=180°

㉠=180°−60°−80°=☐

정답 95쪽

공부한 날짜	맞힌 개수	걸린 시간
월 일	/14	분

ㄱ의 각도를 구하세요.

7

$㉠+10°+60°=180°$

$㉠=180°-10°-60°=$ ☐

11

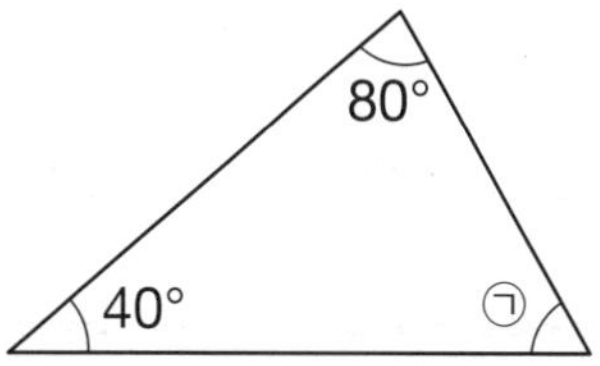

$80°+40°+㉠=180°$

$㉠=180°-80°-40°=$ ☐

8

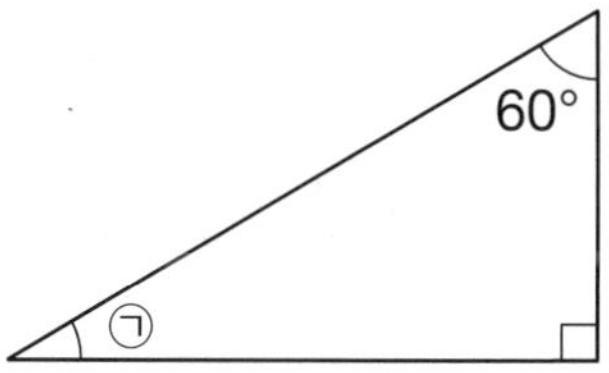

$60°+㉠+90°=180°$

$㉠=180°-60°-90°=$ ☐

12

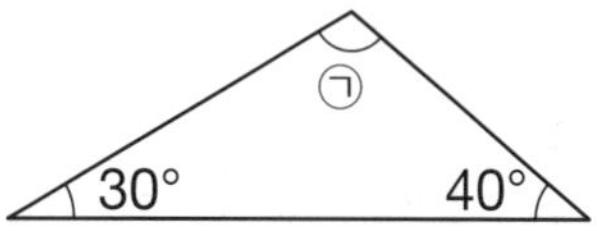

$㉠+30°+40°=180°$

$㉠=180°-30°-40°=$ ☐

9

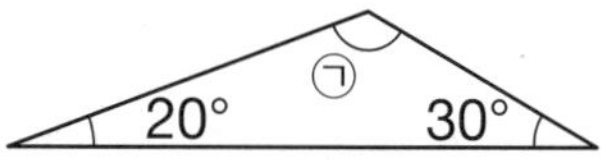

$㉠+20°+30°=180°$

$㉠=180°-20°-30°=$ ☐

13

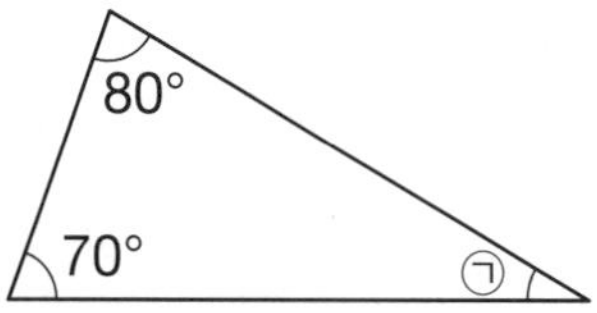

$80°+70°+㉠=180°$

$㉠=180°-80°-70°=$ ☐

10

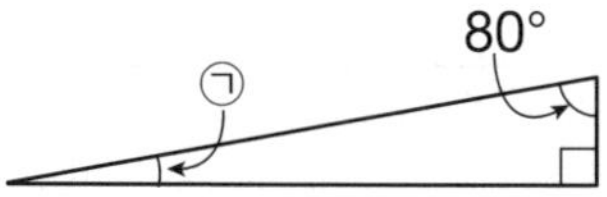

$80°+㉠+90°=180°$

$㉠=180°-80°-90°=$ ☐

14

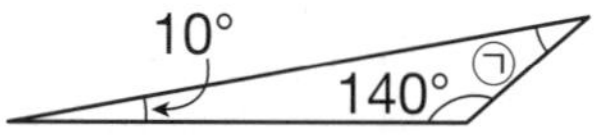

$㉠+10°+140°=180°$

$㉠=180°-10°-140°=$ ☐

06 삼각형의 세 각의 크기의 합 B

삼각형에서 두 각을 크기를 알 때 나머지 한 각의 크기 구하기

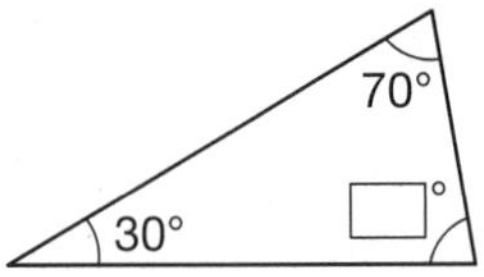

$70° + 30° + □° = 180°$
$100° + □° = 180°$
$□° = 180° - 100° = 80°$

원리 비법 각도의 계산은 **자연수의 계산**과 같아!

□ 안에 알맞은 수를 구하세요.

1
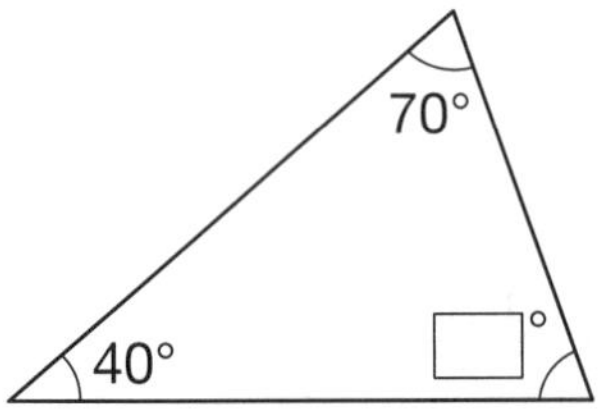

(   )

2
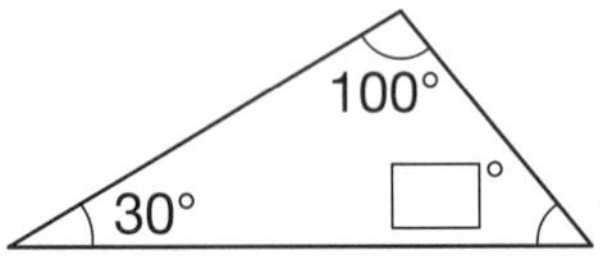

(   )

3
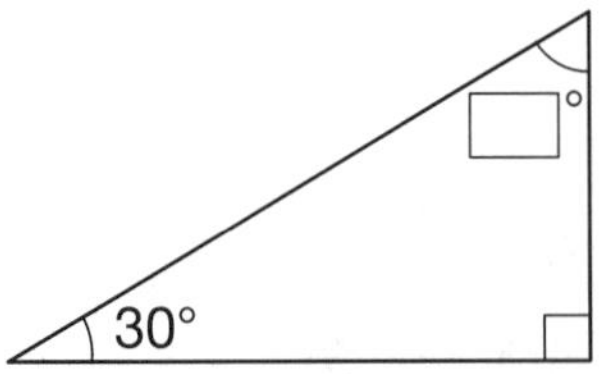

(   )

4
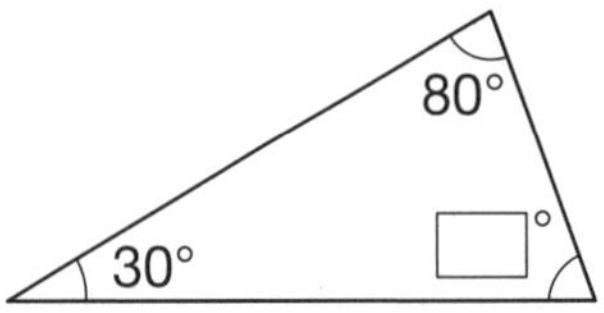

(   )

5
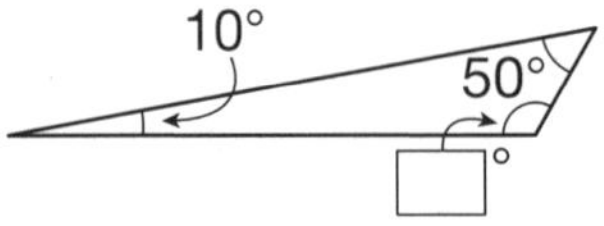

(   )

6
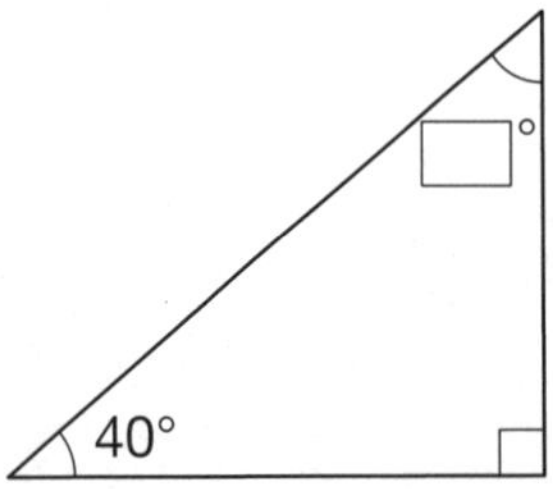

(   )

7
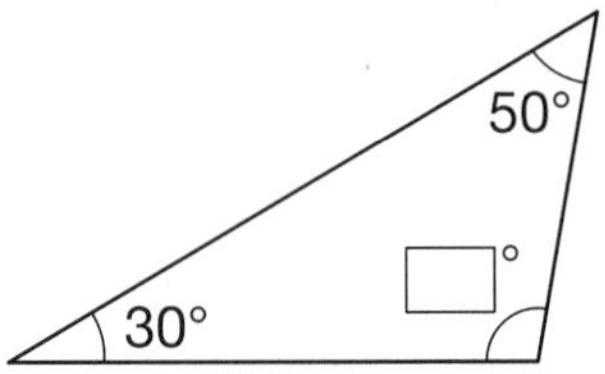

(   )

8
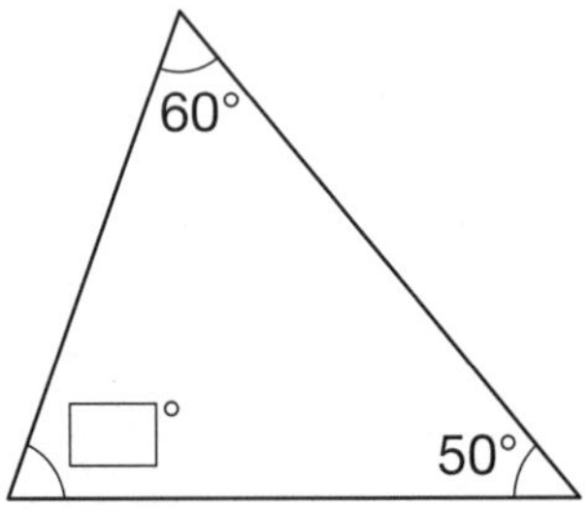

(   )

9
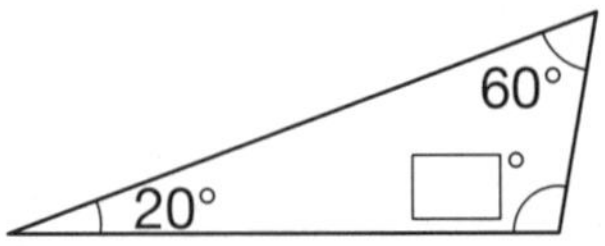

(   )

정답 95쪽

공부한 날짜	맞힌 개수	걸린 시간
월 일	/21	분

□ 안에 알맞은 수를 구하세요.

10
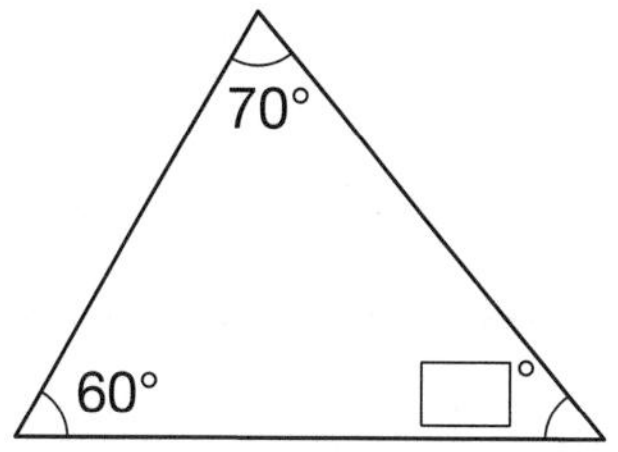

(   )

11
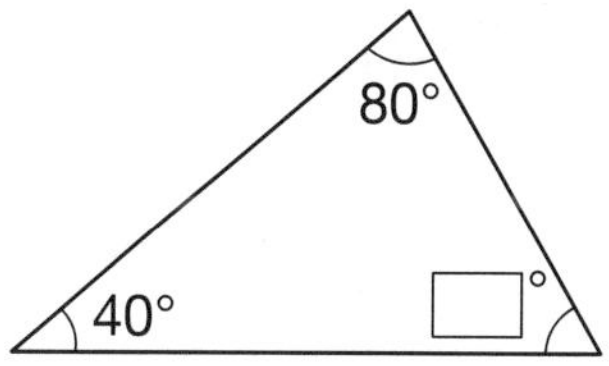

(   )

12
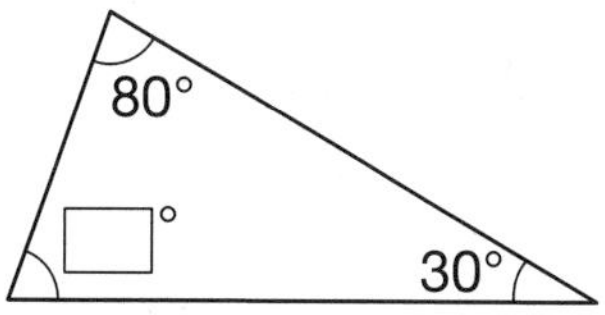

(   )

13
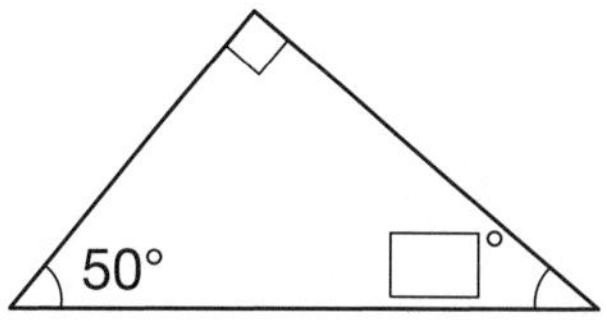

(   )

14
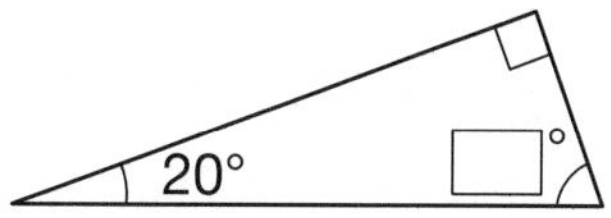

(   )

15
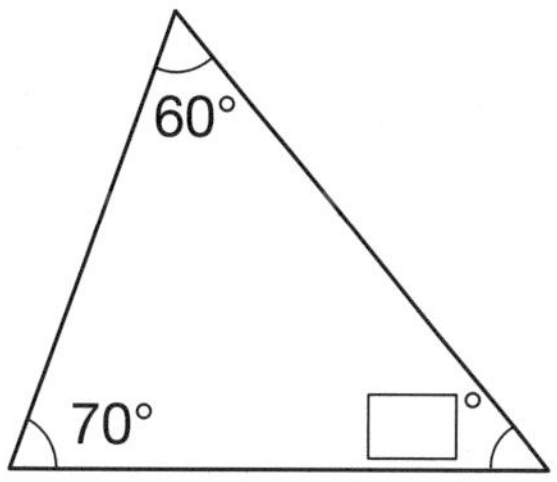

(   )

16
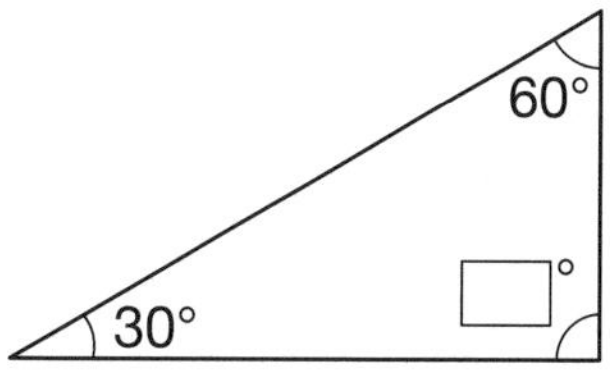

(   )

17
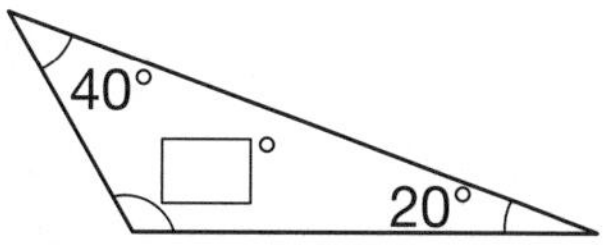

(   )

18
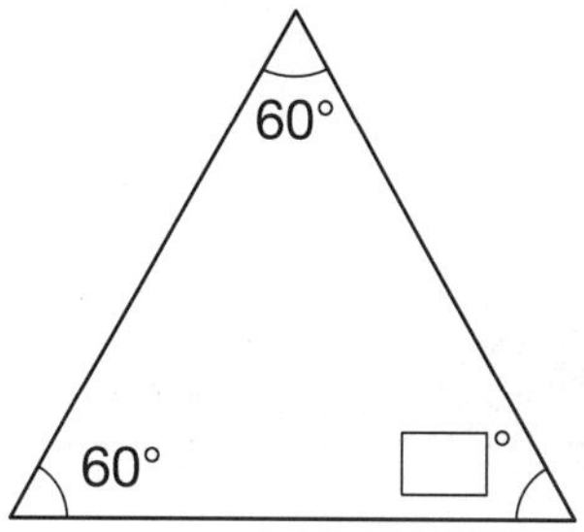

(   )

19
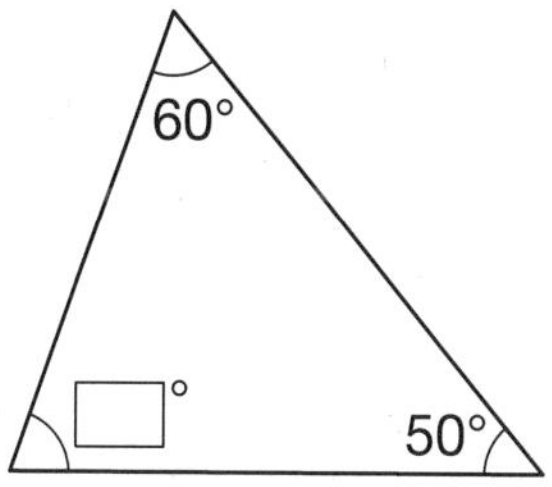

(   )

20
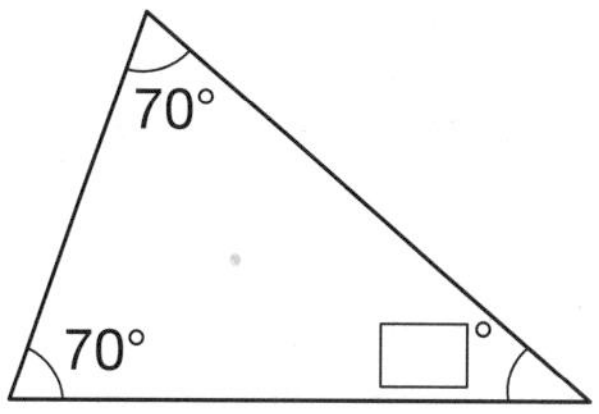

(   )

21
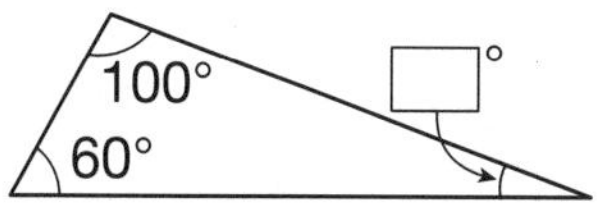

(   )

07 사각형의 네 각의 크기의 합 A

○ 사각형에서 세 각을 크기를 알 때 나머지 한 각의 크기 구하기

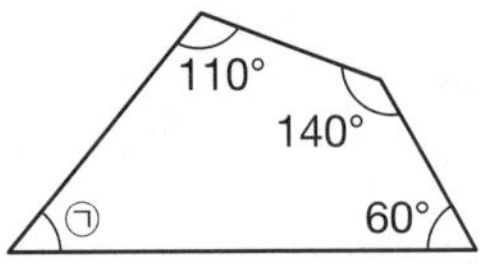

$110° + ㉠ + 60° + 140° = 360°$

$310° + ㉠ = 360°$

$㉠ = 360° - 310° = 50°$

원리 비법 사각형의 네 각의 크기의 합은 **360°**야!

㉠의 각도를 구하세요.

1
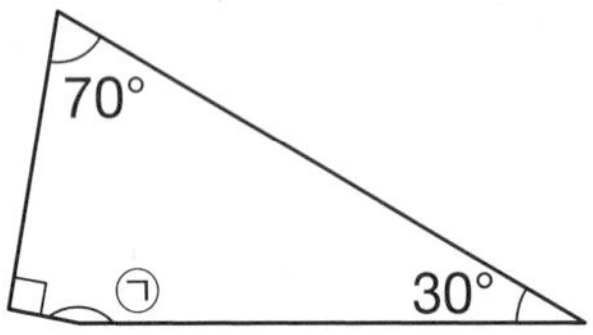

㉠ = ☐

2
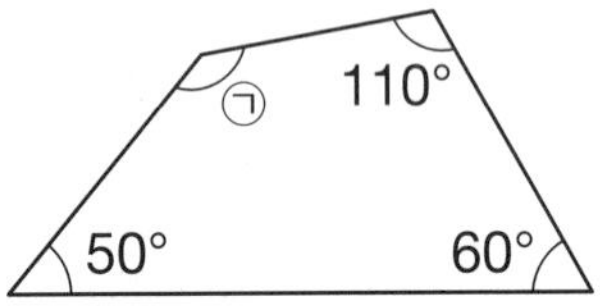

㉠ = ☐

3
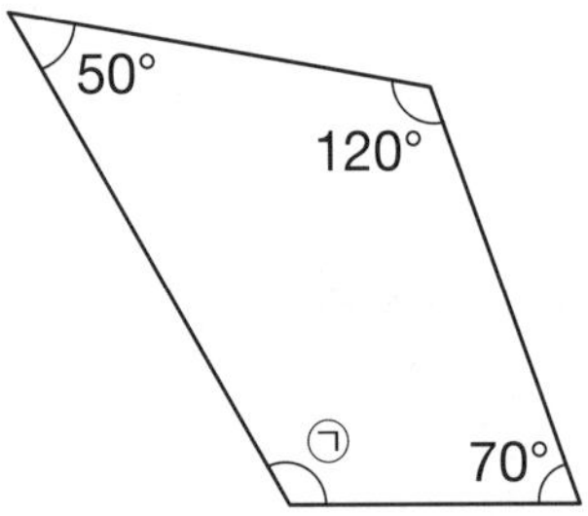

㉠ = ☐

4
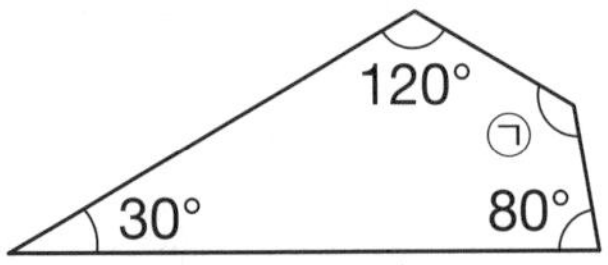

㉠ = ☐

5
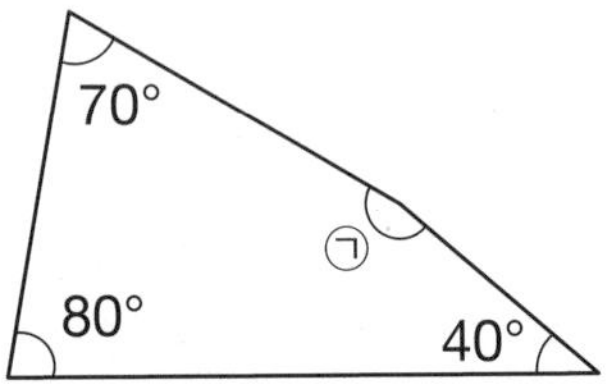

㉠ = ☐

6
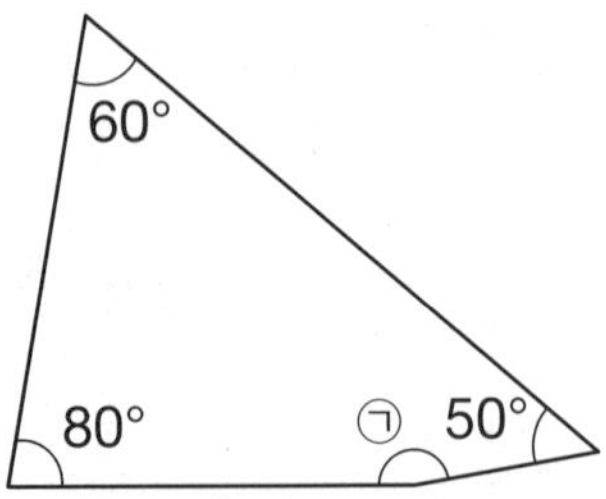

㉠ = ☐

정답 95쪽

공부한 날짜	맞힌 개수	걸린 시간
월 일	/14	분

㉠의 각도를 구하세요.

7

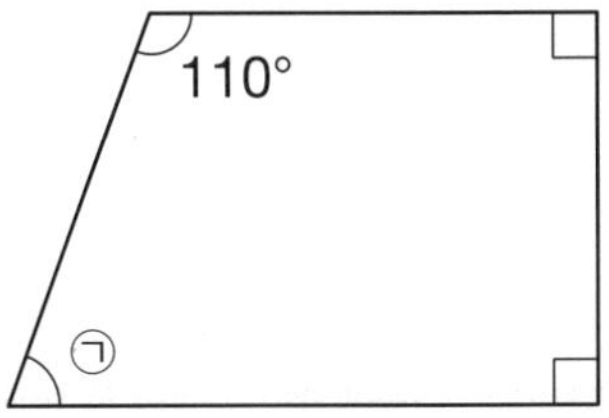

㉠=

8

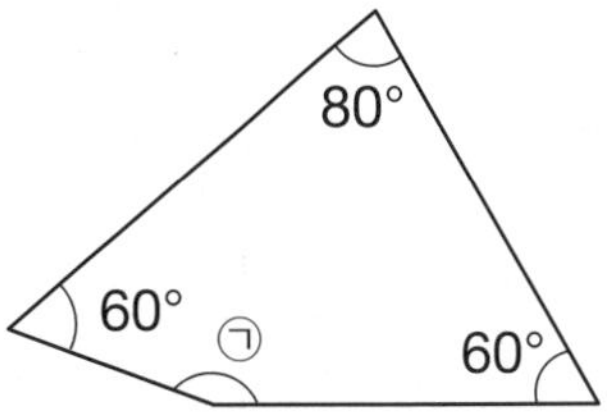

㉠=

9

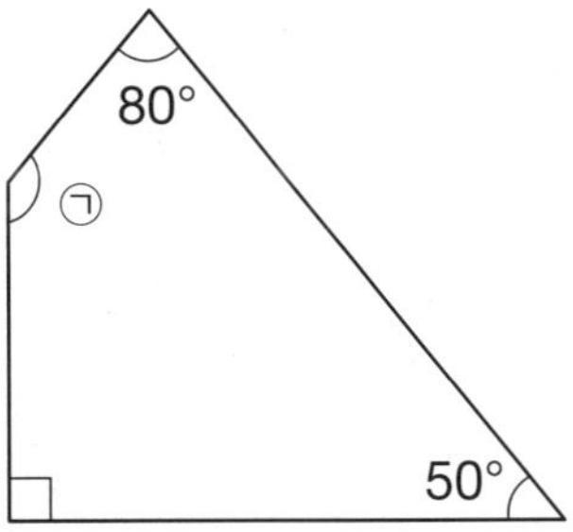

㉠=

10

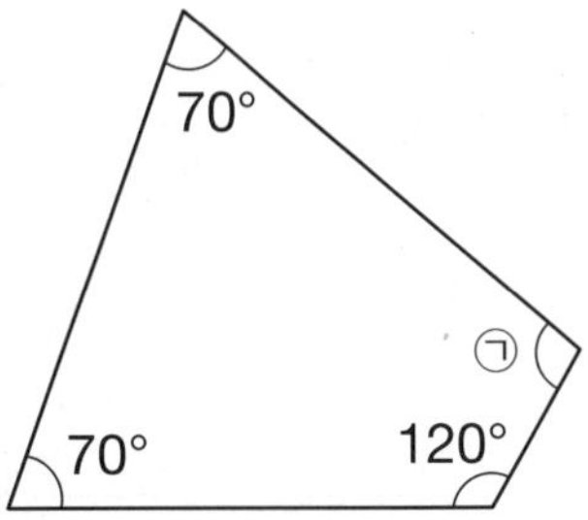

㉠=

11

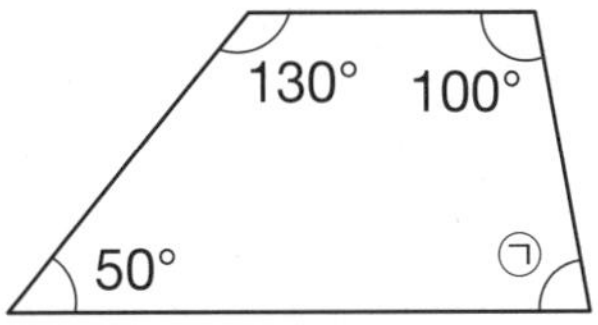

㉠=

12

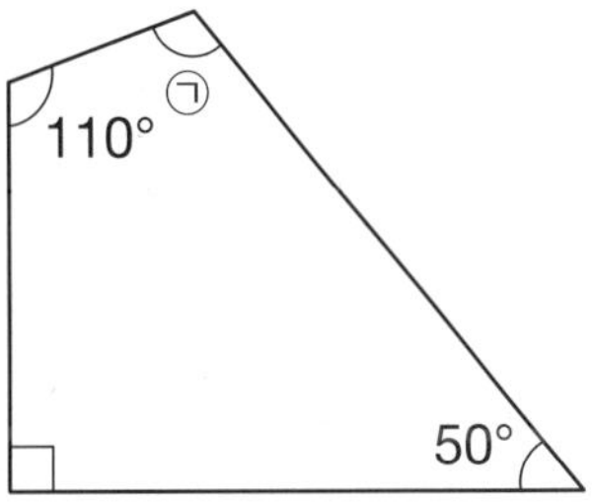

㉠=

13

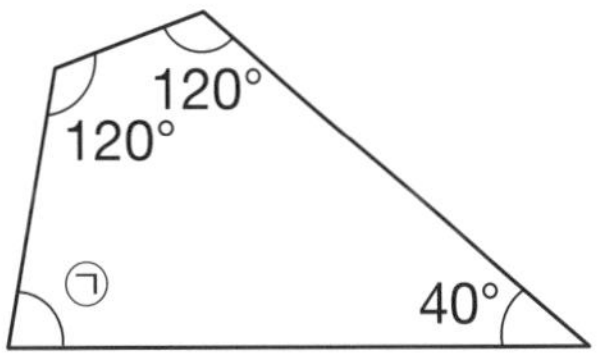

㉠=

14

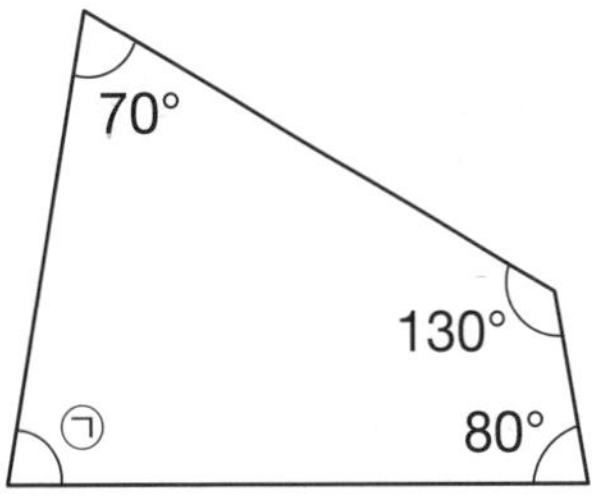

㉠=

08 사각형의 네 각의 크기의 합 B

○ 사각형에서 세 각의 크기를 알 때 나머지 한 각의 크기 구하기

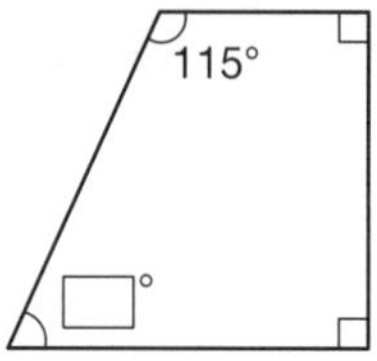

115°+□°+90°+90°=360°

➡ 295°+□°=360°

➡ □°=360°−295°=65°

원리 비법 각도의 계산은 **자연수의 계산**과 같아!

◈ □ 안에 알맞은 수를 구하세요.

❶

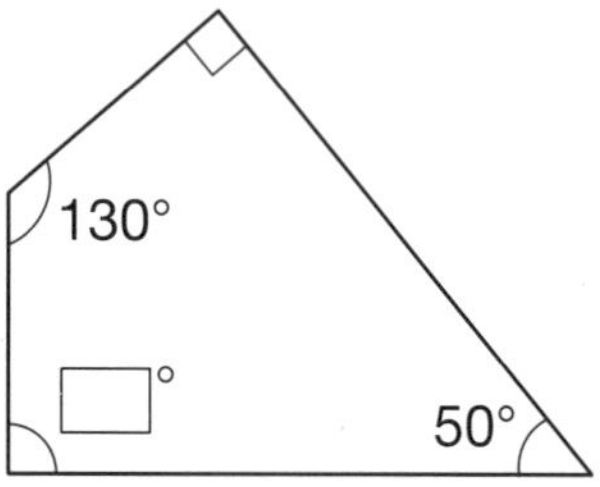

(   )

❷

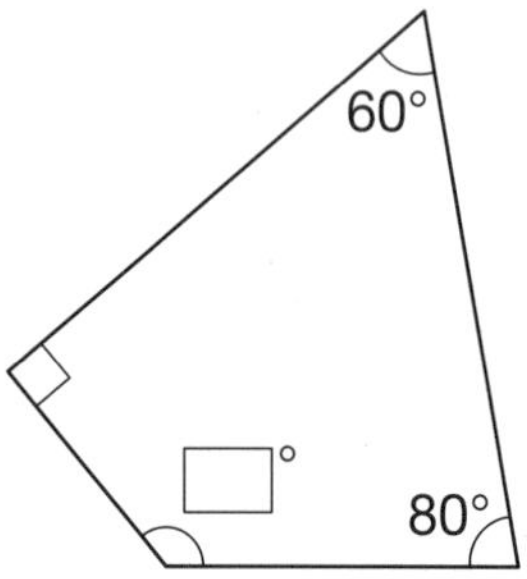

(   )

❸

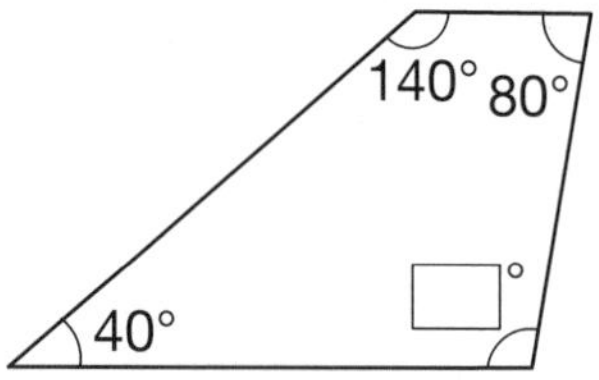

(   )

❹

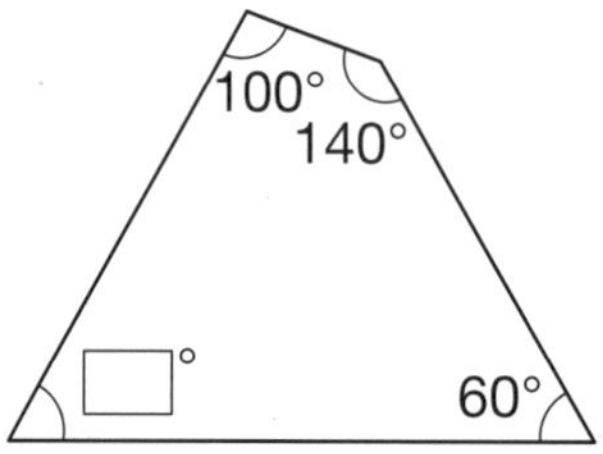

(   )

❺

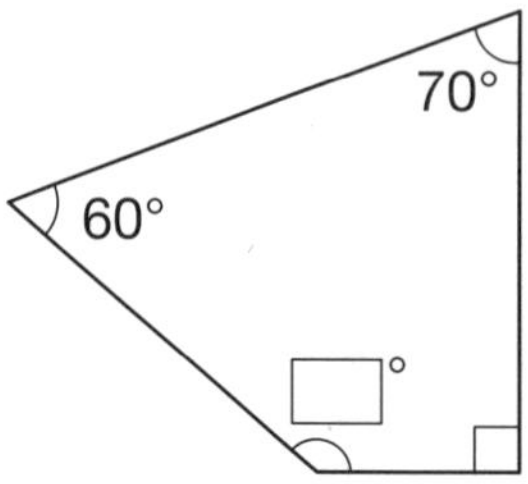

(   )

❻

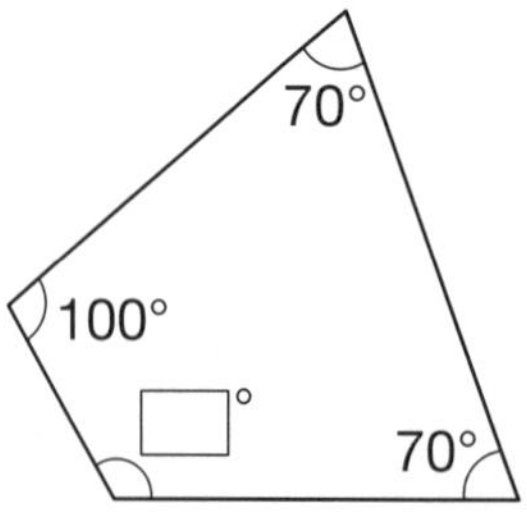

(   )

❼

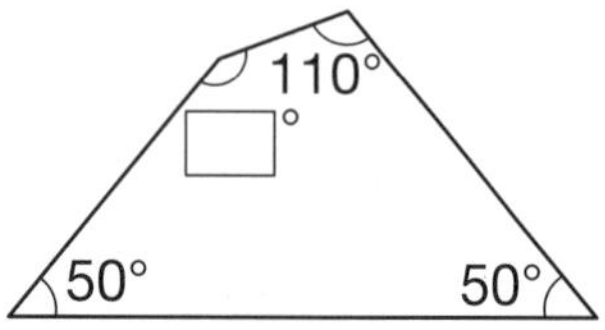

(   )

❽

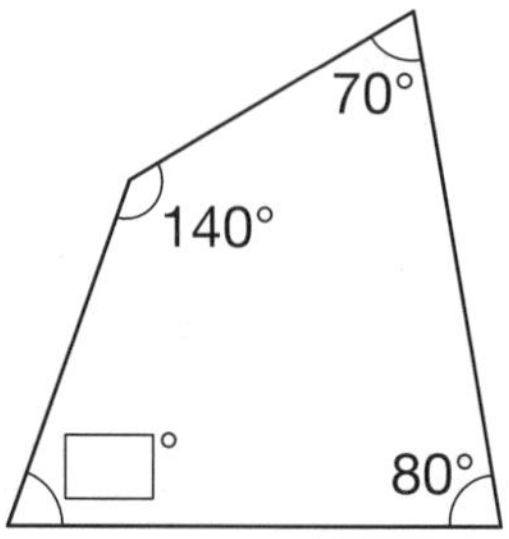

(   )

❾

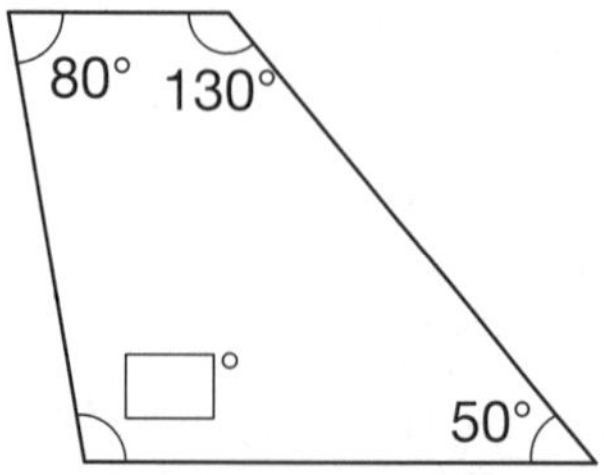

(   )

정답 95쪽

공부한 날짜	맞힌 개수	걸린 시간
월 일	/21	분

□ 안에 알맞은 수를 구하세요.

10
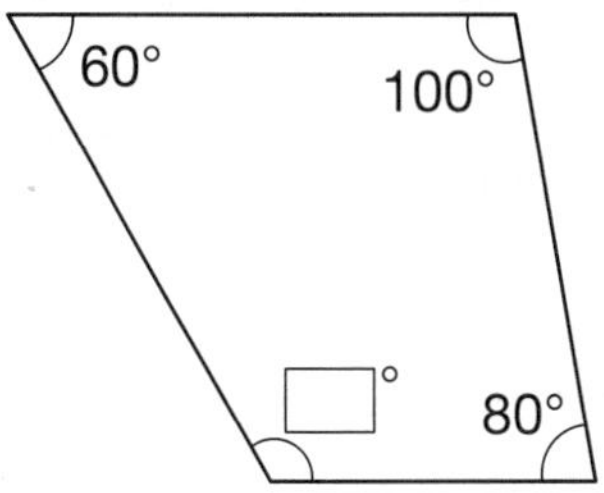

( )

11
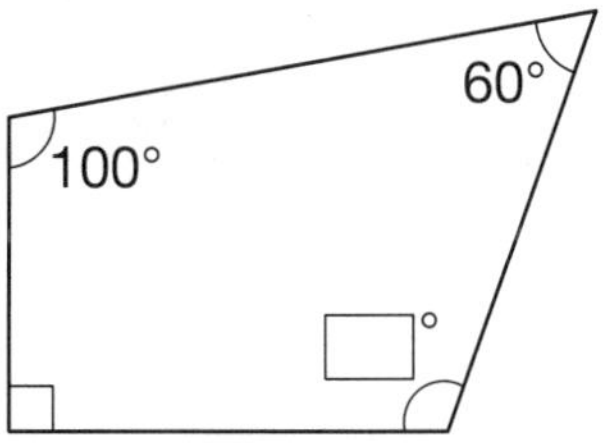

( )

12
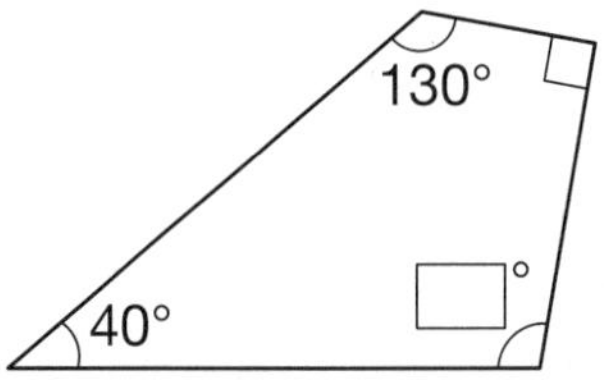

( )

13
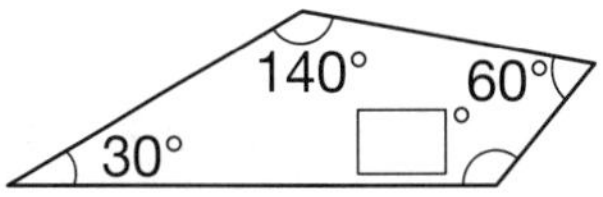

( )

14
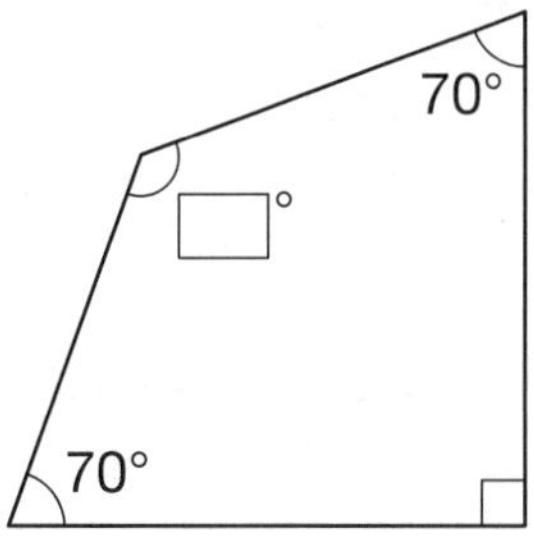

( )

15
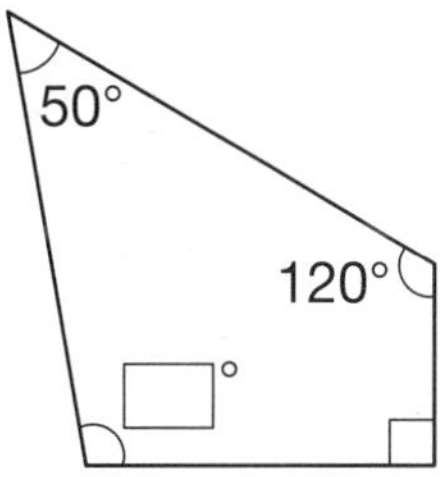

( )

16
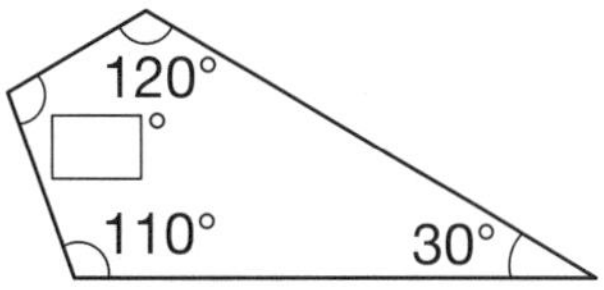

( )

17
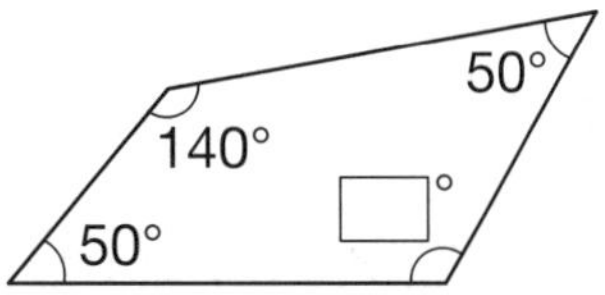

( )

18
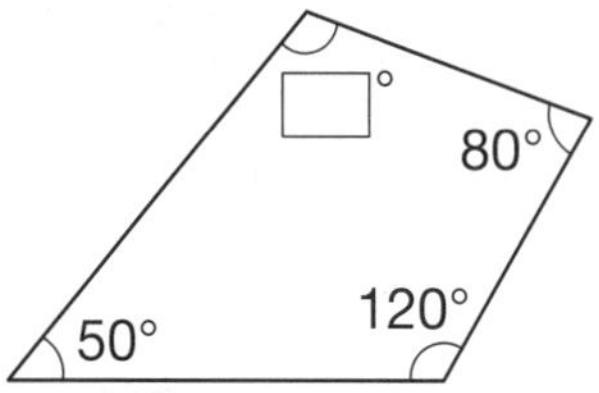

( )

19
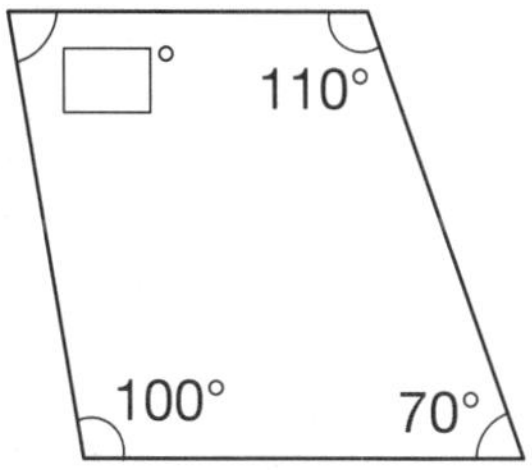

( )

20
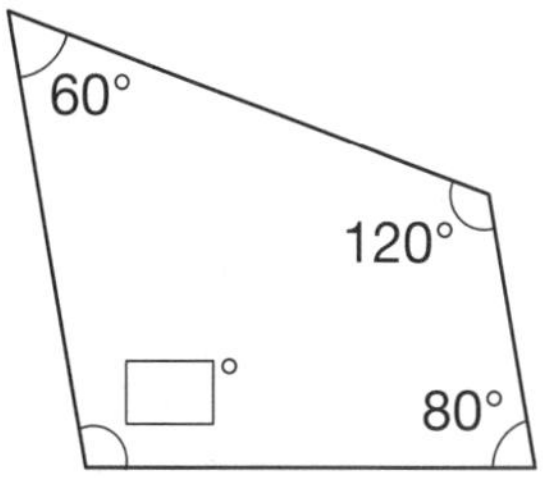

( )

21
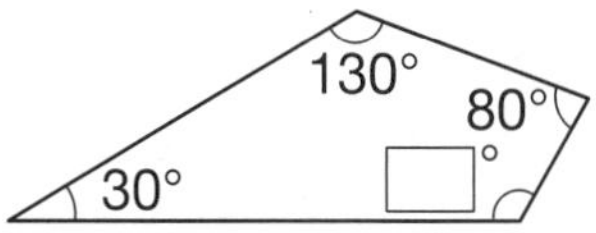

( )

01 (몇백)×(몇십) A

900×50의 계산

		9	0	0
	×		5	0

➡

		9	0	0
	×		5	0
4	5	0	0	0

① 일의 자리, 십의 자리, 백의 자리에 0을 내려 씁니다.

② 9 ×5를 계산합니다.

원리 비법 (몇)×(몇)의 계산 결과에 **1000**을 곱해!

곱셈을 하세요.

❶

		4	0	0
	×		7	0

❷

		8	0	0
	×		9	0

❸

		7	0	0
	×		8	0

❹

		3	0	0
	×		2	0

❺

		2	0	0
	×		5	0

❻

		7	0	0
	×		7	0

❼

		5	0	0
	×		3	0

❽

		6	0	0
	×		2	0

❾

		8	0	0
	×		6	0

❿

		4	0	0
	×		4	0

⓫

		8	0	0
	×		3	0

⓬

		9	0	0
	×		5	0

정답 96쪽

공부한 날짜	맞힌 개수	걸린 시간
월 일	/27	분

곱셈을 하세요.

⑬

		9	0	0
	×		3	0

⑱

		8	0	0
	×		9	0

㉓

		2	0	0
	×		7	0

⑭

		7	0	0
	×		3	0

⑲

		4	0	0
	×		2	0

㉔

		9	0	0
	×		6	0

⑮

		2	0	0
	×		2	0

⑳

		6	0	0
	×		5	0

㉕

		4	0	0
	×		9	0

⑯

		6	0	0
	×		7	0

㉑

		5	0	0
	×		6	0

㉖

		2	0	0
	×		4	0

⑰

		5	0	0
	×		8	0

㉒

		3	0	0
	×		5	0

㉗

		4	0	0
	×		3	0

02 (몇백)×(몇십) B

400×70의 계산

$$\begin{array}{r} 400 \\ \times \quad 70 \\ \hline \end{array} \Rightarrow \begin{array}{r} 400 \\ \times \quad 70 \\ \hline 28000 \end{array}$$

① 일의 자리, 십의 자리, 백의 자리에 0을 내려 씁니다.
② 4 × 7을 계산합니다.

원리 비법 일의 자리부터 순서대로 **0을 3개** 내려 써!

곱셈을 하세요.

1. 500×40
2. 300×60
3. 600×70
4. 400×90
5. 200×30
6. 600×40
7. 900×80
8. 800×30
9. 700×70
10. 200×50
11. 500×30
12. 800×50

정답 96쪽

공부한 날짜	맞힌 개수	걸린 시간
월 일	/27	분

곱셈을 하세요.

⑬ $\begin{array}{r} 300 \\ \times \quad 30 \\ \hline \end{array}$

⑭ $\begin{array}{r} 700 \\ \times \quad 50 \\ \hline \end{array}$

⑮ $\begin{array}{r} 900 \\ \times \quad 20 \\ \hline \end{array}$

⑯ $\begin{array}{r} 600 \\ \times \quad 80 \\ \hline \end{array}$

⑰ $\begin{array}{r} 800 \\ \times \quad 70 \\ \hline \end{array}$

⑱ $\begin{array}{r} 900 \\ \times \quad 50 \\ \hline \end{array}$

⑲ $\begin{array}{r} 500 \\ \times \quad 70 \\ \hline \end{array}$

⑳ $\begin{array}{r} 300 \\ \times \quad 70 \\ \hline \end{array}$

㉑ $\begin{array}{r} 600 \\ \times \quad 50 \\ \hline \end{array}$

㉒ $\begin{array}{r} 400 \\ \times \quad 40 \\ \hline \end{array}$

㉓ $\begin{array}{r} 400 \\ \times \quad 20 \\ \hline \end{array}$

㉔ $\begin{array}{r} 700 \\ \times \quad 30 \\ \hline \end{array}$

㉕ $\begin{array}{r} 200 \\ \times \quad 90 \\ \hline \end{array}$

㉖ $\begin{array}{r} 700 \\ \times \quad 20 \\ \hline \end{array}$

㉗ $\begin{array}{r} 800 \\ \times \quad 60 \\ \hline \end{array}$

03 (몇백)×(몇십)

C

○ 800×30의 계산

$8 \times 3 = 24$ ➡ $800 \times 30 = 24000$ (100배, 10배, 1000배)

➡ 8 × 3의 계산 결과에 1000을 곱합니다.

원리 비법 (몇)×(몇)의 계산 결과에 **1000배**를 하면 돼!

□ 안에 알맞은 수를 써넣으세요.

1. $5 \times 3 = 15$ ➡ $500 \times 30 = \square$ (100배, 10배, 1000배)

2. $8 \times 4 = 32$ ➡ $800 \times 40 = \square$ (100배, 10배, 1000배)

3. $3 \times 8 = 24$ ➡ $300 \times 80 = \square$ (100배, 10배, 1000배)

4. $9 \times 7 = 63$ ➡ $900 \times 70 = \square$ (100배, 10배, 1000배)

5. $2 \times 5 = 10$ ➡ $200 \times 50 = \square$ (100배, 10배, 1000배)

6. $4 \times 4 = 16$ ➡ $400 \times 40 = \square$ (100배, 10배, 1000배)

7. $7 \times 6 = 42$ ➡ $700 \times 60 = \square$ (100배, 10배, 1000배)

8. $6 \times 8 = 48$ ➡ $600 \times 80 = \square$ (100배, 10배, 1000배)

정답 96쪽

공부한 날짜	맞힌 개수	걸린 시간
월 일	/29	분

곱셈을 하세요.

⑨ 300×40

⑩ 900×40

⑪ 600×30

⑫ 500×50

⑬ 900×60

⑭ 300×50

⑮ 700×50

⑯ 400×90

⑰ 700×30

⑱ 800×80

⑲ 900×30

⑳ 200×40

㉑ 600×90

㉒ 800×30

㉓ 200×90

㉔ 500×60

㉕ 200×30

㉖ 400×50

㉗ 700×20

㉘ 800×50

㉙ 300×60

04 (세 자리 수)×(몇십) A

○ 284×60의 계산

		2	8	4
	×		6	0

➡

		2	8	4
	×		6	0
1	7	0	4	0

① 일의 자리에 0을 내려 씁니다.
② 284×6을 계산합니다.

원리 비법 (세 자리 수)×(몇)의 계산 결과에 **10을 곱해**!

곱셈을 하세요.

❶ 516×50

❷ 149×60

❸ 722×60

❹ 252×90

❺ 754×70

❻ 695×50

❼ 388×20

❽ 891×70

❾ 435×90

❿ 892×90

⓫ 904×40

⓬ 607×80

정답 96쪽

공부한 날짜	맞힌 개수	걸린 시간
월 일	/27	분

곱셈을 하세요.

⑬ 479×50

⑱ 639×90

㉓ 286×60

⑭ 343×40

⑲ 184×20

㉔ 562×20

⑮ 961×20

⑳ 489×40

㉕ 835×30

⑯ 425×20

㉑ 879×70

㉖ 366×80

⑰ 242×20

㉒ 593×90

㉗ 777×30

05 (세 자리 수)×(몇십) B

○ 361 ×40의 계산

$$\begin{array}{r} 361 \\ \times\ \ 40 \\ \hline \end{array} \Rightarrow \begin{array}{r} 361 \\ \times\ \ 40 \\ \hline 14440 \end{array}$$

① 일의 자리에 0을 내려 씁니다.

② 361×4를 계산합니다.

원리 비법 일의 자리에 **0을 1개** 내려 써!

◆ 곱셈을 하세요.

❶ 116×30

❺ 712×70

❾ 387×80

❷ 583×20

❻ 491×50

❿ 813×90

❸ 207×60

❼ 686×80

⓫ 982×20

❹ 983×40

❽ 732×50

⓬ 663×40

정답 97쪽

공부한 날짜	맞힌 개수	걸린 시간
월 일	/27	분

◆ 곱셈을 하세요.

⑬ 468×40

⑱ 323×60

㉓ 641×20

⑭ 231×90

⑲ 515×30

㉔ 799×50

⑮ 814×30

⑳ 456×90

㉕ 195×30

⑯ 377×90

㉑ 776×90

㉖ 594×30

⑰ 947×60

㉒ 208×80

㉗ 618×90

06 (세 자리 수)×(몇십) C

○ 213×30의 계산

213 × 3 = 639 ➡ 213 × 30 = 6390 (10배, 10배)

➡ 213×3의 계산 결과에 10을 곱합니다.

원리 비법 (세 자리 수)×(몇)의 계산 결과에 **10배**를 하면 돼!

◆ □ 안에 알맞은 수를 써넣으세요.

❶ 652×3=1956 ➡ 652×30=□ (10배, 10배)

❷ 138×5=690 ➡ 138×50=□ (10배, 10배)

❸ 802×8=6416 ➡ 802×80=□ (10배, 10배)

❹ 398×9=3582 ➡ 398×90=□ (10배, 10배)

❺ 446×2=892 ➡ 446×20=□ (10배, 10배)

❻ 228×6=1368 ➡ 228×60=□ (10배, 10배)

❼ 527×6=3162 ➡ 527×60=□ (10배, 10배)

❽ 711×5=3555 ➡ 711×50=□ (10배, 10배)

정답 97쪽

공부한 날짜	맞힌 개수	걸린 시간
월 일	/29	분

곱셈을 하세요.

⑨ 218×70

⑩ 971×90

⑪ 573×30

⑫ 803×20

⑬ 708×20

⑭ 436×30

⑮ 856×30

⑯ 402×60

⑰ 253×30

⑱ 296×50

⑲ 105×20

⑳ 972×30

㉑ 787×20

㉒ 526×40

㉓ 478×30

㉔ 333×50

㉕ 642×40

㉖ 846×40

㉗ 684×40

㉘ 355×70

㉙ 285×40

07 (세 자리 수)×(두 자리 수) A

127×43의 계산

		1	2	7
	×		4	3
		3	8	1

127 × 3 = 381

➡

		1	2	7
	×		4	3
		3	8	1
	5	0	8	0

127 × 40 = 5080

➡

		1	2	7
	×		4	3
		3	8	1
	5	0	8	0
	5	4	6	1

원리 비법 두 자리 수를 **일의 자리**와 **십의 자리** 순서로 곱해 줘!

곱셈을 하세요.

❶

		5	5	1
	×		9	3

❹

		2	0	7
	×		6	3

❼

		8	6	8
	×		6	7

❷

		7	1	1
	×		5	4

❺

		6	5	2
	×		3	9

❽

		4	3	6
	×		3	3

❸

		1	1	7
	×		5	6

❻

		8	1	4
	×		3	3

❾

		7	3	2
	×		5	5

정답 97쪽

공부한 날짜	맞힌 개수	걸린 시간
월 일	/24	분

곱셈을 하세요.

⑩ $\begin{array}{r} 583 \\ \times \quad 25 \\ \hline \end{array}$

⑪ $\begin{array}{r} 241 \\ \times \quad 86 \\ \hline \end{array}$

⑫ $\begin{array}{r} 489 \\ \times \quad 46 \\ \hline \end{array}$

⑬ $\begin{array}{r} 765 \\ \times \quad 88 \\ \hline \end{array}$

⑭ $\begin{array}{r} 479 \\ \times \quad 56 \\ \hline \end{array}$

⑮ $\begin{array}{r} 824 \\ \times \quad 23 \\ \hline \end{array}$

⑯ $\begin{array}{r} 127 \\ \times \quad 46 \\ \hline \end{array}$

⑰ $\begin{array}{r} 606 \\ \times \quad 64 \\ \hline \end{array}$

⑱ $\begin{array}{r} 253 \\ \times \quad 38 \\ \hline \end{array}$

⑲ $\begin{array}{r} 983 \\ \times \quad 47 \\ \hline \end{array}$

⑳ $\begin{array}{r} 366 \\ \times \quad 87 \\ \hline \end{array}$

㉑ $\begin{array}{r} 969 \\ \times \quad 84 \\ \hline \end{array}$

㉒ $\begin{array}{r} 504 \\ \times \quad 26 \\ \hline \end{array}$

㉓ $\begin{array}{r} 878 \\ \times \quad 57 \\ \hline \end{array}$

㉔ $\begin{array}{r} 343 \\ \times \quad 44 \\ \hline \end{array}$

08 (세 자리 수)×(두 자리 수) B

○ 318×46의 계산

$$\begin{array}{r} 318 \\ \times \quad 46 \\ \hline 1908 \end{array} \quad (318\times6=1908) \Rightarrow \begin{array}{r} 318 \\ \times \quad 46 \\ \hline 1908 \\ 12720 \end{array} \quad (318\times40=12720) \Rightarrow \begin{array}{r} 318 \\ \times \quad 46 \\ \hline 1908 \\ 12720 \\ \hline 14628 \end{array}$$

원리 비법 세로셈에서는 **숫자의 위치**를 바르게 써야 돼!

곱셈을 하세요.

❶ 399×31

❷ 195×34

❸ 311×32

❹ 947×62

❺ 628×86

❻ 593×95

❼ 823×82

❽ 467×24

❾ 229×85

❿ 776×99

⓫ 263×28

⓬ 961×25

정답 97쪽

공부한 날짜	맞힌 개수	걸린 시간
월 일	/27	분

곱셈을 하세요.

⑬ 435×92

⑭ 708×22

⑮ 323×64

⑯ 275×51

⑰ 825×44

⑱ 856×35

⑲ 139×78

⑳ 695×53

㉑ 559×72

㉒ 631×38

㉓ 344×65

㉔ 926×61

㉕ 813×92

㉖ 491×57

㉗ 219×95

09 (세 자리 수)×(두 자리 수) C

473×58의 계산

473 × 8 = 3784	
473 × 50 = 23650	
473 × 58 = 27434	

58을 일의 자리와 십의 자리로 나누어 473과 곱한 후 모두 더합니다.

원리 비법 두 자리 수를 일의 자리와 십의 자리로 **나누어 계산**해!

□ 안에 알맞은 수를 써넣으세요.

❶
572 × 4 = □
572 × 90 = □
572 × 94 = □

❷
322 × 3 = □
322 × 40 = □
322 × 43 = □

❸
138 × 7 = □
138 × 50 = □
138 × 57 = □

❹
562 × 4 = □
562 × 20 = □
562 × 24 = □

❺
754 × 7 = □
754 × 70 = □
754 × 77 = □

❻
889 × 8 = □
889 × 60 = □
889 × 68 = □

❼
697 × 5 = □
697 × 90 = □
697 × 95 = □

❽
685 × 3 = □
685 × 60 = □
685 × 63 = □

❾
218 × 4 = □
218 × 70 = □
218 × 74 = □

❿
424 × 1 = □
424 × 80 = □
424 × 81 = □

⓫
722 × 5 = □
722 × 60 = □
722 × 65 = □

⓬
959 × 4 = □
959 × 90 = □
959 × 94 = □

정답 98쪽

공부한 날짜	맞힌 개수	걸린 시간
월 일	/33	분

곱셈을 하세요.

⑬ 845 × 24

⑳ 184 × 23

㉗ 398 × 99

⑭ 915 × 59

㉑ 425 × 22

㉘ 445 × 82

⑮ 376 × 77

㉒ 617 × 75

㉙ 208 × 84

⑯ 527 × 69

㉓ 798 × 32

㉚ 403 × 89

⑰ 515 × 37

㉔ 264 × 49

㉛ 106 × 45

⑱ 582 × 84

㉕ 664 × 62

㉜ 788 × 42

⑲ 684 × 42

㉖ 958 × 73

㉝ 301 × 42

01 (몇백몇십)÷(몇십) A

140÷20의 계산

$$20\overline{)140} \Rightarrow \begin{array}{r} 7 \\ 20\overline{)140} \\ 140 \\ \hline 0 \end{array}$$

20 × 6 = 120

20 × 7 = 140

20 × 8 = 160

➡ 20과의 곱이 140이 되는 경우를 찾습니다.

원리 비법 (몇백몇십)÷(몇십)과 (몇십몇)÷(몇)의 계산 결과는 같아!

나눗셈을 하세요.

1. $60\overline{)420}$

2. $20\overline{)100}$

3. $90\overline{)450}$

4. $80\overline{)640}$

5. $70\overline{)210}$

6. $70\overline{)560}$

7. $70\overline{)420}$

8. $40\overline{)120}$

9. $30\overline{)120}$

10. $50\overline{)350}$

11. $80\overline{)480}$

12. $20\overline{)180}$

정답 99쪽

공부한 날짜	맞힌 개수	걸린 시간
월 일	/27	분

나눗셈을 하세요.

13. $90\overline{)630}$

18. $20\overline{)140}$

23. $60\overline{)240}$

14. $50\overline{)200}$

19. $20\overline{)120}$

24. $40\overline{)320}$

15. $30\overline{)210}$

20. $80\overline{)320}$

25. $60\overline{)180}$

16. $40\overline{)200}$

21. $20\overline{)160}$

26. $90\overline{)450}$

17. $60\overline{)300}$

22. $50\overline{)450}$

27. $60\overline{)420}$

02 (몇백몇십)÷(몇십) B

○ 340÷60의 계산

$$60\overline{)340} \Rightarrow \begin{array}{r} 5 \\ 60\overline{)340} \\ 300 \\ \hline 40 \end{array}$$

60 × 4 = 240
60 × 5 = 300
60 × 6 = 360
➡ 60과의 곱이 340보다 크지 않으면서 가장 가까운 곱을 찾습니다.

원리 비법 나누어지는 수의 **높은 자리부터** 차례로 나누어야 해!

나눗셈을 하세요.

1. $30\overline{)240}$

2. $50\overline{)220}$

3. $90\overline{)720}$

4. $90\overline{)870}$

5. $80\overline{)490}$

6. $60\overline{)300}$

7. $70\overline{)610}$

8. $70\overline{)210}$

9. $20\overline{)160}$

10. $80\overline{)350}$

11. $40\overline{)160}$

12. $60\overline{)430}$

정답 99쪽

공부한 날짜	맞힌 개수	걸린 시간
월 일	/30	분

나눗셈을 하세요.

⑬ $40\overline{)280}$

⑲ $50\overline{)470}$

㉕ $40\overline{)200}$

⑭ $20\overline{)110}$

⑳ $50\overline{)100}$

㉖ $90\overline{)350}$

⑮ $60\overline{)420}$

㉑ $70\overline{)330}$

㉗ $90\overline{)450}$

⑯ $80\overline{)280}$

㉒ $30\overline{)120}$

㉘ $60\overline{)210}$

⑰ $50\overline{)350}$

㉓ $80\overline{)660}$

㉙ $70\overline{)420}$

⑱ $50\overline{)200}$

㉔ $90\overline{)450}$

㉚ $80\overline{)200}$

03 (몇백몇십)÷(몇십) C

○ 510÷70의 계산

510 ÷ 70 = 7 ··· 20 (나누어지는 수) ÷ (나누는 수) = (몫) ··· (나머지)

➡ 70 × 7 + 20 = 510 ➡ (나누는 수) × (몫) + (나머지) = (나누어지는 수)

└ 70 × 7 = 490 → 490 + 20 = 510

원리 비법 **곱셈을 이용**하여 계산 결과를 확인할 수 있어!

☐ 안에 알맞은 수를 써넣으세요.

1. 130 ÷ 40 = ☐ ··· ☐
   ➡ 40 × ☐ + ☐ = 130

2. 400 ÷ 80 = ☐
   ➡ 80 × ☐ = 400

3. 150 ÷ 20 = ☐ ··· ☐
   ➡ 20 × ☐ + ☐ = 150

4. 270 ÷ 90 = ☐
   ➡ 90 × ☐ = 270

5. 160 ÷ 30 = ☐ ··· ☐
   ➡ 30 × ☐ + ☐ = 160

6. 240 ÷ 80 = ☐
   ➡ 80 × ☐ = 240

7. 350 ÷ 60 = ☐ ··· ☐
   ➡ 60 × ☐ + ☐ = 350

8. 280 ÷ 70 = ☐
   ➡ 70 × ☐ = 280

9. 430 ÷ 50 = ☐ ··· ☐
   ➡ 50 × ☐ + ☐ = 430

10. 430 ÷ 90 = ☐ ··· ☐
    ➡ 90 × ☐ + ☐ = 430

정답 99쪽

공부한 날짜	맞힌 개수	걸린 시간
월 일	/31	분

나눗셈을 하세요.

⑪ $560 \div 70$

⑫ $210 \div 40$

⑬ $180 \div 60$

⑭ $580 \div 90$

⑮ $240 \div 40$

⑯ $370 \div 50$

⑰ $270 \div 30$

⑱ $770 \div 90$

⑲ $150 \div 50$

⑳ $350 \div 80$

㉑ $120 \div 20$

㉒ $330 \div 40$

㉓ $640 \div 80$

㉔ $110 \div 20$

㉕ $180 \div 20$

㉖ $440 \div 70$

㉗ $540 \div 60$

㉘ $130 \div 30$

㉙ $420 \div 60$

㉚ $220 \div 30$

㉛ $630 \div 70$

04 (세 자리 수)÷(몇십) A

○ 492÷60의 계산

$$60\overline{)492} \Rightarrow \begin{array}{r} 8 \\ 60\overline{)492} \\ 480 \\ \hline 12 \end{array}$$

60 × 7 = 420

60 × 8 = 480

60 × 9 = 540

➡ 60과의 곱이 492보다 크지 않으면서 가장 가까운 곱을 찾습니다.

원리 비법 나머지는 나누는 수보다 **항상 작은 수**야!

나눗셈을 하세요.

1. $40\overline{)225}$

2. $30\overline{)172}$

3. $50\overline{)377}$

4. $20\overline{)170}$

5. $50\overline{)170}$

6. $80\overline{)429}$

7. $90\overline{)454}$

8. $60\overline{)468}$

9. $20\overline{)104}$

10. $40\overline{)380}$

11. $70\overline{)329}$

12. $30\overline{)216}$

정답 99쪽

공부한 날짜	맞힌 개수	걸린 시간
월 일	/27	분

나눗셈을 하세요.

⑬ $40\overline{)277}$

⑱ $70\overline{)439}$

㉓ $50\overline{)107}$

⑭ $90\overline{)852}$

⑲ $40\overline{)179}$

㉔ $30\overline{)130}$

⑮ $60\overline{)194}$

⑳ $20\overline{)132}$

㉕ $80\overline{)737}$

⑯ $80\overline{)254}$

㉑ $50\overline{)315}$

㉖ $60\overline{)486}$

⑰ $70\overline{)167}$

㉒ $90\overline{)554}$

㉗ $30\overline{)208}$

05 (세 자리 수)÷(몇십) B

○ 788÷20의 계산

$$20\overline{)788} \Rightarrow \begin{array}{r} 39 \\ 20\overline{)788} \\ 60 \\ \hline 188 \end{array} \Rightarrow \begin{array}{r} 39 \\ 20\overline{)788} \\ 60 \\ \hline 188 \\ 180 \\ \hline 8 \end{array}$$

① 20과의 곱이 78보다 크지 않으면서 가장 가까운 곱을 찾습니다.
② 20과의 곱이 188보다 크지 않으면서 가장 가까운 곱을 찾습니다.

원리 비법 몫의 자릿수는 **나누는 수**의 크기에 따라 달라져!

나눗셈을 하세요.

1. $30\overline{)694}$

2. $20\overline{)464}$

3. $40\overline{)923}$

4. $20\overline{)726}$

5. $30\overline{)853}$

6. $20\overline{)834}$

7. $30\overline{)885}$

8. $30\overline{)758}$

9. $20\overline{)637}$

10. $20\overline{)898}$

11. $30\overline{)933}$

12. $20\overline{)551}$

정답 100쪽

공부한 날짜	맞힌 개수	걸린 시간
월 일	/30	분

나눗셈을 하세요.

⑬ $20\overline{)683}$

⑲ $20\overline{)662}$

㉕ $20\overline{)573}$

⑭ $20\overline{)486}$

⑳ $40\overline{)961}$

㉖ $30\overline{)947}$

⑮ $20\overline{)876}$

㉑ $30\overline{)962}$

㉗ $20\overline{)924}$

⑯ $20\overline{)770}$

㉒ $30\overline{)725}$

㉘ $20\overline{)529}$

⑰ $20\overline{)595}$

㉓ $20\overline{)792}$

㉙ $30\overline{)994}$

⑱ $40\overline{)531}$

㉔ $70\overline{)881}$

㉚ $60\overline{)784}$

06 (세 자리 수)÷(몇십) C

354÷80의 계산

354 ÷ 80 = 4 ··· 34 (나누어지는 수) ÷ (나누는 수) = (몫) ··· (나머지)

➡ 80 × 4 + 34 = 354 ➡ (나누는 수) × (몫) + (나머지) = (나누어지는 수)

└ 80 × 4 = 320 → 320 + 34 = 354

원리 비법 **곱셈을 이용**하여 계산 결과를 확인할 수 있어!

□ 안에 알맞은 수를 써넣으세요.

1. 657 ÷ 80 = □ ··· □
   ➡ 80 × □ + □ = 657

2. 127 ÷ 20 = □ ··· □
   ➡ 20 × □ + □ = 127

3. 879 ÷ 90 = □ ··· □
   ➡ 90 × □ + □ = 879

4. 572 ÷ 80 = □ ··· □
   ➡ 80 × □ + □ = 572

5. 227 ÷ 70 = □ ··· □
   ➡ 70 × □ + □ = 227

6. 205 ÷ 30 = □ ··· □
   ➡ 30 × □ + □ = 205

7. 393 ÷ 90 = □ ··· □
   ➡ 90 × □ + □ = 393

8. 409 ÷ 60 = □ ··· □
   ➡ 60 × □ + □ = 409

9. 178 ÷ 50 = □ ··· □
   ➡ 50 × □ + □ = 178

10. 144 ÷ 40 = □ ··· □
    ➡ 40 × □ + □ = 144

정답 100쪽

공부한 날짜	맞힌 개수	걸린 시간
월 일	/31	분

나눗셈을 하세요.

⑪ $192 \div 60$

⑫ $688 \div 90$

⑬ $209 \div 30$

⑭ $304 \div 70$

⑮ $609 \div 70$

⑯ $156 \div 20$

⑰ $135 \div 30$

⑱ $592 \div 90$

⑲ $163 \div 20$

⑳ $292 \div 50$

㉑ $656 \div 80$

㉒ $547 \div 60$

㉓ $405 \div 60$

㉔ $355 \div 50$

㉕ $745 \div 80$

㉖ $488 \div 80$

㉗ $412 \div 50$

㉘ $279 \div 40$

㉙ $335 \div 40$

㉚ $127 \div 20$

㉛ $249 \div 30$

07 몫이 한 자리 수인 (두 자리 수)÷(두 자리 수) A

○ 48÷12의 계산

$12\overline{)48}$ ➡ $12\overline{)48}$, 몫 4, 48, 0

12 × 3 = 36
12 × 4 = 48
12 × 5 = 60
➡ 12와의 곱이 48이 되는 경우를 찾습니다.

원리 비법 몫의 자릿수는 **나누는 수**의 크기에 따라 달려져!

◆ 나눗셈을 하세요.

1. $12\overline{)60}$

5. $46\overline{)92}$

9. $29\overline{)87}$

2. $39\overline{)78}$

6. $16\overline{)80}$

10. $26\overline{)78}$

3. $25\overline{)75}$

7. $35\overline{)70}$

11. $14\overline{)42}$

4. $42\overline{)84}$

8. $15\overline{)45}$

12. $25\overline{)50}$

정답 100쪽

공부한 날짜	맞힌 개수	걸린 시간
월 일	/27	분

나눗셈을 하세요.

⑬ $37\overline{)74}$

⑭ $11\overline{)55}$

⑮ $32\overline{)96}$

⑯ $48\overline{)96}$

⑰ $18\overline{)90}$

⑱ $17\overline{)68}$

⑲ $44\overline{)88}$

⑳ $24\overline{)72}$

㉑ $15\overline{)75}$

㉒ $28\overline{)56}$

㉓ $23\overline{)46}$

㉔ $23\overline{)69}$

㉕ $33\overline{)66}$

㉖ $22\overline{)66}$

㉗ $13\overline{)26}$

08 몫이 한 자리 수인 (두 자리 수)÷(두 자리 수) B

○ 74÷26의 계산

$$26\overline{)74} \Rightarrow \begin{array}{r} 2 \\ 26\overline{)74} \\ 52 \\ \hline 22 \end{array}$$

26 × 1 = 26
26 × 2 = 52
26 × 3 = 78
➡ 26과의 곱이 74보다 크지 않으면서 가장 가까운 곱을 찾습니다.

원리 비법 나누어지는 수가 나누는 수보다 작으면 그 수는 **나머지**야!

◈ 나눗셈을 하세요.

❶ $27\overline{)58}$

❷ $38\overline{)92}$

❸ $35\overline{)96}$

❹ $35\overline{)98}$

❺ $18\overline{)75}$

❻ $45\overline{)94}$

❼ $42\overline{)88}$

❽ $23\overline{)47}$

❾ $33\overline{)75}$

❿ $14\overline{)57}$

⓫ $22\overline{)49}$

⓬ $36\overline{)75}$

➲ 정답 100쪽

공부한 날짜	맞힌 개수	걸린 시간
월 일	/30	분

나눗셈을 하세요.

13. $24\overline{)76}$

19. $43\overline{)98}$

25. $22\overline{)92}$

14. $15\overline{)62}$

20. $23\overline{)48}$

26. $22\overline{)73}$

15. $36\overline{)79}$

21. $42\overline{)91}$

27. $33\overline{)78}$

16. $22\overline{)76}$

22. $24\overline{)69}$

28. $21\overline{)67}$

17. $39\overline{)92}$

23. $42\overline{)92}$

29. $15\overline{)79}$

18. $36\overline{)78}$

24. $42\overline{)87}$

30. $23\overline{)94}$

09 몫이 한 자리 수인 (두 자리 수)÷(두 자리 수) C

○ 89÷31의 계산

89 ÷ 31 = 2 ··· 27 (나누어지는 수) ÷ (나누는 수) = (몫) ··· (나머지)

➡ 31 × 2 + 27 = 89 ➡ (나누는 수) × (몫) + (나머지) = (나누어지는 수)

└ 31 × 2 = 62 → 62 + 27 = 89

원리 비법 **곱셈을 이용**하여 계산 결과를 확인할 수 있어!

□ 안에 알맞은 수를 써넣으세요.

1. 85 ÷ 41 = □ ··· □
   ➡ 41 × □ + □ = 85

6. 89 ÷ 27 = □ ··· □
   ➡ 27 × □ + □ = 89

2. 74 ÷ 33 = □ ··· □
   ➡ 33 × □ + □ = 74

7. 90 ÷ 39 = □ ··· □
   ➡ 39 × □ + □ = 90

3. 81 ÷ 35 = □ ··· □
   ➡ 35 × □ + □ = 81

8. 49 ÷ 22 = □ ··· □
   ➡ 22 × □ + □ = 49

4. 89 ÷ 17 = □ ··· □
   ➡ 17 × □ + □ = 89

9. 92 ÷ 43 = □ ··· □
   ➡ 43 × □ + □ = 92

5. 99 ÷ 47 = □ ··· □
   ➡ 47 × □ + □ = 99

10. 67 ÷ 24 = □ ··· □
   ➡ 24 × □ + □ = 67

정답 101쪽

공부한 날짜	맞힌 개수	걸린 시간
월 일	/31	분

나눗셈을 하세요.

⑪ $98 \div 45$

⑱ $95 \div 35$

㉕ $91 \div 44$

⑫ $97 \div 43$

⑲ $99 \div 14$

㉖ $90 \div 32$

⑬ $97 \div 22$

⑳ $95 \div 40$

㉗ $47 \div 21$

⑭ $94 \div 42$

㉑ $99 \div 24$

㉘ $90 \div 44$

⑮ $92 \div 45$

㉒ $84 \div 41$

㉙ $98 \div 29$

⑯ $75 \div 24$

㉓ $80 \div 33$

㉚ $96 \div 46$

⑰ $83 \div 47$

㉔ $94 \div 18$

㉛ $76 \div 33$

10 몫이 한 자리 수인 (세 자리 수)÷(두 자리 수) A

○ 248÷62의 계산

$$62\overline{)248} \rightarrow \begin{array}{r} 4 \\ 62\overline{)248} \\ 248 \\ \hline 0 \end{array}$$

62 × 3 = 186
62 × 4 = 248
62 × 5 = 310
➡ 62와의 곱이 248이 되는 경우를 찾습니다.

원리 비법 몫의 자릿수는 **나누는 수**의 크기에 따라 달라져!

나눗셈을 하세요.

1. $45\overline{)225}$
2. $23\overline{)184}$
3. $93\overline{)372}$
4. $48\overline{)384}$
5. $55\overline{)220}$
6. $75\overline{)225}$
7. $53\overline{)318}$
8. $92\overline{)736}$
9. $71\overline{)213}$
10. $68\overline{)476}$
11. $38\overline{)228}$
12. $84\overline{)672}$

정답 101쪽

공부한 날짜	맞힌 개수	걸린 시간
월 일	/27	분

나눗셈을 하세요.

⑬ $46\overline{)414}$

⑭ $33\overline{)297}$

⑮ $73\overline{)219}$

⑯ $88\overline{)616}$

⑰ $27\overline{)162}$

⑱ $52\overline{)468}$

⑲ $62\overline{)434}$

⑳ $36\overline{)288}$

㉑ $43\overline{)172}$

㉒ $58\overline{)522}$

㉓ $29\overline{)174}$

㉔ $85\overline{)340}$

㉕ $91\overline{)364}$

㉖ $78\overline{)468}$

㉗ $66\overline{)594}$

11 몫이 한 자리 수인 (세 자리 수)÷(두 자리 수) B

○ 316÷52의 계산

$52\overline{)316}$ ➡ $52\overline{)316}$, 몫 6, 312, 나머지 4

52 × 5 = 260
52 × 6 = 312
52 × 7 = 364
➡ 52와의 곱이 316보다 크지 않으면서 가장 가까운 곱을 찾습니다.

원리 비법 세로셈에서는 **숫자의 위치**를 올바로 써야 돼!

◆ 나눗셈을 하세요.

1. $59\overline{)119}$

2. $96\overline{)774}$

3. $34\overline{)243}$

4. $72\overline{)437}$

5. $42\overline{)385}$

6. $31\overline{)157}$

7. $24\overline{)121}$

8. $63\overline{)317}$

9. $66\overline{)534}$

10. $45\overline{)136}$

11. $82\overline{)663}$

12. $51\overline{)155}$

공부한 날짜	맞힌 개수	걸린 시간
월 일	/30	분

나눗셈을 하세요.

⑬ $72\overline{)656}$

⑲ $91\overline{)275}$

㉕ $54\overline{)384}$

⑭ $83\overline{)501}$

⑳ $35\overline{)214}$

㉖ $23\overline{)141}$

⑮ $64\overline{)451}$

㉑ $49\overline{)148}$

㉗ $38\overline{)271}$

⑯ $56\overline{)455}$

㉒ $75\overline{)455}$

㉘ $87\overline{)439}$

⑰ $97\overline{)489}$

㉓ $44\overline{)358}$

㉙ $61\overline{)309}$

⑱ $65\overline{)197}$

㉔ $88\overline{)710}$

㉚ $29\overline{)266}$

12 몫이 한 자리 수인 (세 자리 수)÷(두 자리 수) C

○ 437÷94의 계산

437 ÷ 94 = 4 ··· 61 (나누어지는 수) ÷ (나누는 수) = (몫) ··· (나머지)

➡ 94 × 4 + 61 = 437 ➡ (나누는 수) × (몫) + (나머지) = (나누어지는 수)

└ 94 × 4 = 376 → 376 + 61 = 437

원리 비법 **곱셈을 이용**하여 계산 결과를 확인할 수 있어!

□ 안에 알맞은 수를 써넣으세요.

❶ 195 ÷ 97 = □ ··· □
➡ 97 × □ + □ = 195

❷ 230 ÷ 25 = □ ··· □
➡ 25 × □ + □ = 230

❸ 182 ÷ 45 = □ ··· □
➡ 45 × □ + □ = 182

❹ 429 ÷ 85 = □ ··· □
➡ 85 × □ + □ = 429

❺ 135 ÷ 67 = □ ··· □
➡ 67 × □ + □ = 135

❻ 168 ÷ 33 = □ ··· □
➡ 33 × □ + □ = 168

❼ 287 ÷ 71 = □ ··· □
➡ 71 × □ + □ = 287

❽ 287 ÷ 95 = □ ··· □
➡ 95 × □ + □ = 287

❾ 317 ÷ 52 = □ ··· □
➡ 52 × □ + □ = 317

❿ 467 ÷ 93 = □ ··· □
➡ 93 × □ + □ = 467

정답 101쪽

공부한 날짜	맞힌 개수	걸린 시간
월 일	/31	분

나눗셈을 하세요.

⑪ $552 \div 78$

⑫ $167 \div 83$

⑬ $269 \div 53$

⑭ $310 \div 38$

⑮ $187 \div 93$

⑯ $203 \div 22$

⑰ $292 \div 48$

⑱ $248 \div 27$

⑲ $278 \div 34$

⑳ $550 \div 68$

㉑ $383 \div 95$

㉒ $441 \div 73$

㉓ $756 \div 94$

㉔ $173 \div 57$

㉕ $591 \div 84$

㉖ $208 \div 41$

㉗ $109 \div 54$

㉘ $127 \div 63$

㉙ $294 \div 32$

㉚ $374 \div 46$

㉛ $583 \div 72$

13 몫이 두 자리 수인 (세 자리 수)÷(두 자리 수)① A

795÷53의 계산

$$53\overline{)795} \rightarrow \begin{array}{r} 1 \\ 53\overline{)795} \\ 53 \\ \hline 265 \end{array} \rightarrow \begin{array}{r} 15 \\ 53\overline{)795} \\ 53 \\ \hline 265 \\ 265 \\ \hline 0 \end{array}$$

① 53과의 곱이 79보다 크지 않으면서 가장 가까운 곱을 찾습니다.

② 53과의 곱이 265인 곱을 찾습니다.

원리 비법 몫의 자릿수는 **나누는 수**의 크기에 따라 달려져!

나눗셈을 하세요.

① $13\overline{)351}$

② $21\overline{)231}$

③ $23\overline{)828}$

④ $36\overline{)756}$

⑤ $29\overline{)493}$

⑥ $14\overline{)336}$

⑦ $44\overline{)616}$

⑧ $16\overline{)752}$

⑨ $11\overline{)649}$

⑩ $25\overline{)525}$

⑪ $12\overline{)924}$

⑫ $24\overline{)288}$

정답 102쪽

공부한 날짜	맞힌 개수	걸린 시간
월 일	/27	분

나눗셈을 하세요.

⑬ $45 \overline{)540}$

⑭ $13 \overline{)871}$

⑮ $36 \overline{)576}$

⑯ $11 \overline{)924}$

⑰ $28 \overline{)616}$

⑱ $15 \overline{)585}$

⑲ $48 \overline{)528}$

⑳ $21 \overline{)777}$

㉑ $55 \overline{)715}$

㉒ $22 \overline{)506}$

㉓ $26 \overline{)390}$

㉔ $18 \overline{)684}$

㉕ $24 \overline{)528}$

㉖ $11 \overline{)374}$

㉗ $46 \overline{)966}$

14 몫이 두 자리 수인 (세 자리 수)÷(두 자리 수)① B

913÷25의 계산

$$25\overline{)913} \Rightarrow \begin{array}{r} 3 \\ 25\overline{)913} \\ 75 \\ \hline 163 \end{array} \Rightarrow \begin{array}{r} 36 \\ 25\overline{)913} \\ 75 \\ \hline 163 \\ 150 \\ \hline 13 \end{array}$$

① 25와의 곱이 91보다 크지 않으면서 가장 가까운 곱을 찾습니다.

② 25와의 곱이 163보다 크지 않으면서 가장 가까운 곱을 찾습니다.

원리 비법 세로셈에서는 **숫자의 위치**를 올바로 써야 돼!

나눗셈을 하세요.

1. $41\overline{)874}$

2. $17\overline{)637}$

3. $21\overline{)495}$

4. $17\overline{)249}$

5. $16\overline{)285}$

6. $26\overline{)314}$

7. $36\overline{)549}$

8. $11\overline{)180}$

9. $28\overline{)506}$

10. $21\overline{)969}$

11. $11\overline{)960}$

12. $17\overline{)226}$

정답 102쪽

공부한 날짜	맞힌 개수	걸린 시간
월 일	/30	분

나눗셈을 하세요.

⑬ $11\overline{)720}$

⑲ $55\overline{)717}$

㉕ $22\overline{)771}$

⑭ $36\overline{)400}$

⑳ $13\overline{)591}$

㉖ $56\overline{)620}$

⑮ $21\overline{)721}$

㉑ $55\overline{)781}$

㉗ $11\overline{)820}$

⑯ $59\overline{)715}$

㉒ $18\overline{)870}$

㉘ $75\overline{)908}$

⑰ $16\overline{)762}$

㉓ $28\overline{)627}$

㉙ $13\overline{)882}$

⑱ $15\overline{)378}$

㉔ $12\overline{)507}$

㉚ $37\overline{)817}$

15 몫이 두 자리 수인 (세 자리 수)÷(두 자리 수)① C

○ 659÷43의 계산

659 ÷ 43 = 15 … 14　　(나누어지는 수) ÷ (나누는 수) = (몫) … (나머지)

➡ 43 × 15 + 14 = 659　　➡ (나누는 수) × (몫) + (나머지) = (나누어지는 수)

└ 43 × 15 = 645 → 645 + 14 = 659

원리 비법 **곱셈을 이용**하여 계산 결과를 확인할 수 있어!

□ 안에 알맞은 수를 써넣으세요.

1. 861 ÷ 37 = □ … □
   ➡ 37 × □ + □ = 861

2. 759 ÷ 58 = □ … □
   ➡ 58 × □ + □ = 759

3. 240 ÷ 11 = □ … □
   ➡ 11 × □ + □ = 240

4. 882 ÷ 73 = □ … □
   ➡ 73 × □ + □ = 882

5. 549 ÷ 14 = □ … □
   ➡ 14 × □ + □ = 549

6. 339 ÷ 18 = □ … □
   ➡ 18 × □ + □ = 339

7. 426 ÷ 15 = □ … □
   ➡ 15 × □ + □ = 426

8. 650 ÷ 54 = □ … □
   ➡ 54 × □ + □ = 650

9. 717 ÷ 22 = □ … □
   ➡ 22 × □ + □ = 717

10. 570 ÷ 51 = □ … □
    ➡ 51 × □ + □ = 570

정답 102쪽

공부한 날짜	맞힌 개수	걸린 시간
월 일	/31	분

나눗셈을 하세요.

⑪ $790 \div 71$

⑫ $813 \div 23$

⑬ $268 \div 16$

⑭ $980 \div 75$

⑮ $920 \div 83$

⑯ $533 \div 44$

⑰ $809 \div 21$

⑱ $442 \div 36$

⑲ $350 \div 31$

⑳ $307 \div 13$

㉑ $366 \div 13$

㉒ $223 \div 12$

㉓ $354 \div 14$

㉔ $510 \div 11$

㉕ $555 \div 21$

㉖ $581 \div 15$

㉗ $590 \div 11$

㉘ $267 \div 15$

㉙ $451 \div 21$

㉚ $319 \div 16$

㉛ $750 \div 68$

16 몫이 두 자리 수인 (세 자리 수)÷(두 자리 수)② A

364÷13의 계산

$$13\overline{)364} \quad \Rightarrow \quad \begin{array}{r} 2 \\ 13\overline{)364} \\ 26 \\ \hline 104 \end{array} \quad \Rightarrow \quad \begin{array}{r} 28 \\ 13\overline{)364} \\ 26 \\ \hline 104 \\ 104 \\ \hline 0 \end{array}$$

① 13과의 곱이 36보다 크지 않으면서 가장 가까운 곱을 찾습니다.

② 13과의 곱이 104인 곱을 찾습니다.

원리 비법 몫의 자릿수는 **나누는 수**의 크기에 따라 달려져!

나눗셈을 하세요.

1. $28\overline{)588}$

2. $29\overline{)435}$

3. $69\overline{)759}$

4. $18\overline{)342}$

5. $11\overline{)143}$

6. $35\overline{)735}$

7. $21\overline{)798}$

8. $21\overline{)546}$

9. $35\overline{)420}$

10. $13\overline{)195}$

11. $45\overline{)945}$

12. $12\overline{)324}$

정답 102쪽

공부한 날짜	맞힌 개수	걸린 시간
월 일	/27	분

나눗셈을 하세요.

⑬ $49\overline{)637}$

⑭ $31\overline{)651}$

⑮ $16\overline{)288}$

⑯ $57\overline{)684}$

⑰ $39\overline{)897}$

⑱ $29\overline{)638}$

⑲ $18\overline{)270}$

⑳ $11\overline{)264}$

㉑ $38\overline{)836}$

㉒ $36\overline{)504}$

㉓ $14\overline{)238}$

㉔ $75\overline{)825}$

㉕ $38\overline{)874}$

㉖ $57\overline{)912}$

㉗ $23\overline{)299}$

17 몫이 두 자리 수인 (세 자리 수) ÷ (두 자리 수) ② B

○ 724 ÷ 46의 계산

$$46\overline{)724} \Rightarrow \begin{array}{r} 1 \\ 46\overline{)724} \\ 46 \\ \hline 264 \end{array} \Rightarrow \begin{array}{r} 15 \\ 46\overline{)724} \\ 46 \\ \hline 264 \\ 230 \\ \hline 34 \end{array}$$

① 46과의 곱이 72보다 크지 않으면서 가장 가까운 곱을 찾습니다.

② 46과의 곱이 264보다 크지 않으면서 가장 가까운 곱을 찾습니다.

원리 비법 세로셈에서는 **숫자의 위치**를 올바로 써야 돼!

◈ 나눗셈을 하세요.

1. $16\overline{)417}$

2. $23\overline{)909}$

3. $17\overline{)673}$

4. $49\overline{)695}$

5. $18\overline{)343}$

6. $78\overline{)947}$

7. $12\overline{)171}$

8. $15\overline{)676}$

9. $34\overline{)380}$

10. $11\overline{)160}$

11. $47\overline{)991}$

12. $13\overline{)212}$

정답 103쪽

공부한 날짜	맞힌 개수	걸린 시간
월 일	/30	분

나눗셈을 하세요.

⑬ $68\overline{)960}$

⑲ $12\overline{)210}$

㉕ $21\overline{)568}$

⑭ $14\overline{)268}$

⑳ $22\overline{)840}$

㉖ $64\overline{)710}$

⑮ $59\overline{)895}$

㉑ $49\overline{)889}$

㉗ $14\overline{)519}$

⑯ $21\overline{)473}$

㉒ $55\overline{)610}$

㉘ $14\overline{)399}$

⑰ $56\overline{)676}$

㉓ $16\overline{)615}$

㉙ $47\overline{)619}$

⑱ $72\overline{)800}$

㉔ $22\overline{)763}$

㉚ $15\overline{)442}$

18 몫이 두 자리 수인 (세 자리 수)÷(두 자리 수)② C

○ 976÷23의 계산

976 ÷ 23 = 42 ··· 10 (나누어지는 수) ÷ (나누는 수) = (몫) ··· (나머지)

➡ 23 × 42 + 10 = 976 ➡ (나누는 수) × (몫) + (나머지) = (나누어지는 수)

└ 23 × 42 = 966 → 966 + 10 = 976

원리 비법 **곱셈을 이용**하여 계산 결과를 확인할 수 있어!

□ 안에 알맞은 수를 써넣으세요.

1. 482 ÷ 28 = □ ··· □
   ➡ 28 × □ + □ = 482

2. 410 ÷ 27 = □ ··· □
   ➡ 27 × □ + □ = 410

3. 559 ÷ 46 = □ ··· □
   ➡ 46 × □ + □ = 559

4. 489 ÷ 22 = □ ··· □
   ➡ 22 × □ + □ = 489

5. 814 ÷ 58 = □ ··· □
   ➡ 58 × □ + □ = 814

6. 590 ÷ 21 = □ ··· □
   ➡ 21 × □ + □ = 590

7. 731 ÷ 56 = □ ··· □
   ➡ 56 × □ + □ = 731

8. 565 ÷ 37 = □ ··· □
   ➡ 37 × □ + □ = 565

9. 847 ÷ 56 = □ ··· □
   ➡ 56 × □ + □ = 847

10. 994 ÷ 76 = □ ··· □
    ➡ 76 × □ + □ = 994

정답 103쪽

공부한 날짜	맞힌 개수	걸린 시간
월 일	/31	분

나눗셈을 하세요.

⑪ $860 \div 78$

⑫ $253 \div 14$

⑬ $975 \div 69$

⑭ $520 \div 43$

⑮ $758 \div 36$

⑯ $689 \div 57$

⑰ $766 \div 54$

⑱ $647 \div 49$

⑲ $826 \div 63$

⑳ $390 \div 12$

㉑ $302 \div 16$

㉒ $745 \div 46$

㉓ $966 \div 74$

㉔ $740 \div 49$

㉕ $743 \div 35$

㉖ $451 \div 16$

㉗ $145 \div 12$

㉘ $251 \div 15$

㉙ $869 \div 72$

㉚ $779 \div 48$

㉛ $515 \div 36$

참 잘했어요!

이름 ____________________

위 어린이는 쌍둥이 연산 노트 4학년 1학기 과정을

스스로 꾸준히 훌륭하게 마쳤습니다.

이에 칭찬하여 이 상장을 드립니다.

년 월 일

정답

4·1

초등 7단계

예습책

6쪽 01 다섯 자리 수 알기 A

❶ 60000(6만), 육만
❷ 90000(9만), 구만
❸ 50000(5만), 오만
❹ 80000(8만), 팔만
❺ 30000(3만), 삼만
❻ 20000(2만), 이만
❼ 70000(7만), 칠만
❽ 40000(4만), 사만

7쪽

❾ 60000
❿ 20000
⓫ 10000
⓬ 30000
⓭ 80000
⓮ 20000
⓯ 50000
⓰ 90000
⓱ 80000
⓲ 50000
⓳ 90000
⓴ 40000
㉑ 70000
㉒ 30000
㉓ 60000
㉔ 40000

8쪽 02 천만 단위까지의 수 알기 A

❶ 3, 8, 1, 9, 0, 0, 0, 0
❷ 7, 4, 8, 6, 0, 0, 0, 0
❸ 1, 9, 3, 1, 0, 0, 0, 0
❹ 2, 6, 9, 7, 0, 0, 0, 0
❺ 5, 6, 9, 8, 0, 0, 0, 0
❻ 6, 0, 4, 2, 0, 0, 0, 0

9쪽

❼ 6264, 6084
❽ 9154, 5974
❾ 4254, 5084
❿ 8821, 2641
⓫ 2475, 6296
⓬ 7608, 428
⓭ 3708, 9539
⓮ 5719, 1539
⓯ 5619, 5465
⓰ 8791, 2921
⓱ 1803, 9608
⓲ 3458, 7853

10쪽 03 천억 단위까지의 수 알기 A

❶ 4, 5, 1, 8, 0, 0, 0, 0, 0, 0, 0, 0
❷ 3, 4, 9, 7, 0, 0, 0, 0, 0, 0, 0, 0
❸ 9, 1, 6, 4, 0, 0, 0, 0, 0, 0, 0, 0
❹ 1, 2, 7, 5, 0, 0, 0, 0, 0, 0, 0, 0

11쪽

❺ 5629, 6247, 1053
❻ 9164, 381, 5497
❼ 7842, 8269, 3275
❽ 8953, 9370, 4386
❾ 2386, 2303, 7619
❿ 1275, 1392, 6508
⓫ 3497, 3414, 8720
⓬ 6731, 7258, 2164

12쪽 04 천조 단위까지의 수 알기 A

❶ 3, 4, 8, 6, 0, 0, 0, 0, 0, 0, 0, 0, 0, 0, 0, 0
❷ 8, 0, 4, 2, 0, 0, 0, 0, 0, 0, 0, 0, 0, 0, 0, 0
❸ 1, 2, 6, 4, 0, 0, 0, 0, 0, 0, 0, 0, 0, 0, 0, 0

13쪽

❹ 5608, 5926, 9831, 2503
❺ 7931, 7759, 2164, 3836
❻ 9153, 9871, 4386, 1958
❼ 6719, 6937, 942, 2614
❽ 5719, 5737, 833, 3159
❾ 4597, 4915, 8720, 2492
❿ 6820, 6748, 1053, 3725
⓫ 2375, 2893, 6508, 1270

14쪽 05 뛰어 세기 A

1. 835억, 865억, 895억
2. 90만, 94만, 97만
3. 8365조, 8465조, 8665조
4. 4698억, 7698억, 8698억
5. 17조, 47조, 77조
6. 6447만, 6457만, 6477만

15쪽

7. 29억, 89억, 99억
8. 917조, 937조, 957조
9. 358만, 658만, 858만
10. 5824조, 5825조, 5826조
11. 46만, 66만, 86만
12. 24조, 64조, 74조
13. 7243억, 7443억, 7743억
14. 585억, 587억, 589억

16쪽 06 수의 크기 비교 A

1. >
2. <
3. >
4. >
5. >
6. <
7. >
8. <
9. >
10. <
11. >
12. >
13. <
14. >

17쪽

15. <
16. >
17. >
18. <
19. <
20. >
21. >
22. >
23. >
24. >
25. <
26. <
27. <
28. <
29. >
30. <

18쪽 07 수의 크기 비교 B

1. <
2. >
3. <
4. >
5. >
6. >
7. >
8. >
9. >
10. >
11. <
12. >
13. >
14. <

19쪽

15. >
16. >
17. >
18. <
19. >
20. >
21. >
22. >
23. >
24. <
25. >
26. >
27. <
28. >
29. <
30. <

20쪽 01 각도의 합 A

① 75°
② 30°
③ 105°
④ 150°
⑤ 60°
⑥ 95°
⑦ 70°
⑧ 100°

21쪽

⑨ 100°
⑩ 85°
⑪ 45°
⑫ 105°
⑬ 115°
⑭ 100°
⑮ 110°
⑯ 120°
⑰ 140°
⑱ 95°

24쪽 03 각도의 차 A

① 15°
② 25°
③ 40°
④ 25°
⑤ 40°
⑥ 15°
⑦ 50°
⑧ 40°

25쪽

⑨ 25°
⑩ 10°
⑪ 25°
⑫ 70°
⑬ 15°
⑭ 30°
⑮ 40°
⑯ 65°
⑰ 30°
⑱ 35°

22쪽 02 각도의 합 B

① 60°
② 105°
③ 140°
④ 45°
⑤ 160°
⑥ 155°
⑦ 100°
⑧ 185°
⑨ 110°
⑩ 135°
⑪ 80°
⑫ 115°
⑬ 25°
⑭ 135°
⑮ 55°
⑯ 175°
⑰ 90°
⑱ 155°

23쪽

⑲ 145°
⑳ 115°
㉑ 170°
㉒ 55°
㉓ 160°
㉔ 40°
㉕ 65°
㉖ 95°
㉗ 90°
㉘ 70°
㉙ 110°
㉚ 125°
㉛ 75°
㉜ 190°
㉝ 35°
㉞ 165°
㉟ 100°
㊱ 120°
㊲ 55°
㊳ 145°
㊴ 80°

26쪽 04 각도의 차 B

① 20°
② 15°
③ 45°
④ 30°
⑤ 50°
⑥ 35°
⑦ 60°
⑧ 25°
⑨ 95°
⑩ 5°
⑪ 5°
⑫ 15°
⑬ 10°
⑭ 20°
⑮ 5°
⑯ 60°
⑰ 30°
⑱ 85°

27쪽

⑲ 20°
⑳ 50°
㉑ 65°
㉒ 25°
㉓ 5°
㉔ 60°
㉕ 55°
㉖ 50°
㉗ 5°
㉘ 20°
㉙ 25°
㉚ 55°
㉛ 5°
㉜ 65°
㉝ 50°
㉞ 25°
㉟ 75°
㊱ 40°
㊲ 15°
㊳ 50°
㊴ 80°

28쪽 05 삼각형의 세 각의 크기의 합 A

❶ 70°
❷ 150°
❸ 90°
❹ 20°
❺ 50°
❻ 40°

29쪽

❼ 110°
❽ 30°
❾ 130°
❿ 10°
⓫ 60°
⓬ 110°
⓭ 30°
⓮ 30°

32쪽 07 사각형의 네 각의 크기의 합 A

❶ 170°
❷ 140°
❸ 120°
❹ 130°
❺ 170°
❻ 170°

33쪽

❼ 70°
❽ 160°
❾ 140°
❿ 100°
⓫ 80°
⓬ 110°
⓭ 80°
⓮ 80°

30쪽 06 삼각형의 세 각의 크기의 합 B

❶ 70
❷ 50
❸ 60
❹ 70
❺ 120
❻ 50
❼ 100
❽ 70
❾ 100

31쪽

❿ 50
⓫ 60
⓬ 70
⓭ 40
⓮ 70
⓯ 50
⓰ 90
⓱ 120
⓲ 60
⓳ 70
⓴ 40
㉑ 20

34쪽 08 사각형의 네 각의 크기의 합 B

❶ 90
❷ 130
❸ 100
❹ 60
❺ 140
❻ 120
❼ 150
❽ 70
❾ 100

35쪽

❿ 120
⓫ 110
⓬ 100
⓭ 130
⓮ 130
⓯ 100
⓰ 100
⓱ 120
⓲ 110
⓳ 80
⓴ 100
㉑ 120

36쪽 01 (몇백) × (몇십) A

① 28000	⑤ 10000	⑨ 48000
② 72000	⑥ 49000	⑩ 16000
③ 56000	⑦ 15000	⑪ 24000
④ 6000	⑧ 12000	⑫ 45000

37쪽

⑬ 27000	⑱ 72000	㉓ 14000
⑭ 21000	⑲ 8000	㉔ 54000
⑮ 4000	⑳ 30000	㉕ 36000
⑯ 42000	㉑ 30000	㉖ 8000
⑰ 40000	㉒ 15000	㉗ 12000

38쪽 02 (몇백) × (몇십) B

① 20000	⑤ 6000	⑨ 49000
② 18000	⑥ 24000	⑩ 10000
③ 42000	⑦ 72000	⑪ 15000
④ 36000	⑧ 24000	⑫ 40000

39쪽

⑬ 9000	⑱ 45000	㉓ 8000
⑭ 35000	⑲ 35000	㉔ 21000
⑮ 18000	⑳ 21000	㉕ 18000
⑯ 48000	㉑ 30000	㉖ 14000
⑰ 56000	㉒ 16000	㉗ 48000

40쪽 03 (몇백) × (몇십) C

① 15000	⑤ 10000
② 32000	⑥ 16000
③ 24000	⑦ 42000
④ 63000	⑧ 48000

41쪽

⑨ 12000	⑯ 36000	㉓ 18000
⑩ 36000	⑰ 21000	㉔ 30000
⑪ 18000	⑱ 64000	㉕ 6000
⑫ 25000	⑲ 27000	㉖ 20000
⑬ 54000	⑳ 8000	㉗ 14000
⑭ 15000	㉑ 54000	㉘ 40000
⑮ 35000	㉒ 24000	㉙ 18000

42쪽 04 (세 자리 수) × (몇십) A

① 25800	⑤ 52780	⑨ 39150
② 8940	⑥ 34750	⑩ 80280
③ 43320	⑦ 7760	⑪ 36160
④ 22680	⑧ 62370	⑫ 48560

43쪽

⑬ 23950	⑱ 57510	㉓ 17160
⑭ 13720	⑲ 3680	㉔ 11240
⑮ 19220	⑳ 19560	㉕ 25050
⑯ 8500	㉑ 61530	㉖ 29280
⑰ 4840	㉒ 53370	㉗ 23310

44쪽 05 (세 자리 수) × (몇십) B

① 3480	⑤ 49840	⑨ 30960
② 11660	⑥ 24550	⑩ 73170
③ 12420	⑦ 54880	⑪ 19640
④ 39320	⑧ 36600	⑫ 26520

45쪽

⑬ 18720	⑱ 19380	㉓ 12820
⑭ 20790	⑲ 15450	㉔ 39950
⑮ 24420	⑳ 41040	㉕ 5850
⑯ 33930	㉑ 69840	㉖ 17820
⑰ 56820	㉒ 16640	㉗ 55620

46쪽 06 (세 자리 수) × (몇십) C

① 19560	⑤ 8920
② 6900	⑥ 13680
③ 64160	⑦ 31620
④ 35820	⑧ 35550

47쪽

⑨ 15260	⑯ 24120	㉓ 14340
⑩ 87390	⑰ 7590	㉔ 16650
⑪ 17190	⑱ 14800	㉕ 25680
⑫ 16060	⑲ 2100	㉖ 33840
⑬ 14160	⑳ 29160	㉗ 27360
⑭ 13080	㉑ 15740	㉘ 24850
⑮ 25680	㉒ 21040	㉙ 11400

48쪽 07 (세 자리 수) × (두 자리 수) A

① 51243	④ 13041	⑦ 58156
② 38394	⑤ 25428	⑧ 14388
③ 6552	⑥ 26862	⑨ 40260

49쪽

⑩ 14575	⑮ 18952	⑳ 31842
⑪ 20726	⑯ 5842	㉑ 81396
⑫ 22494	⑰ 38784	㉒ 13104
⑬ 67320	⑱ 9614	㉓ 50046
⑭ 26824	⑲ 46201	㉔ 15092

50쪽 08 (세 자리 수) × (두 자리 수) B

① 12369	⑤ 54008	⑨ 19465
② 6630	⑥ 56335	⑩ 76824
③ 9952	⑦ 67486	⑪ 7364
④ 58714	⑧ 11208	⑫ 24025

51쪽

⑬ 40020	⑱ 29960	㉓ 22360
⑭ 15576	⑲ 10842	㉔ 56486
⑮ 20672	⑳ 36835	㉕ 74796
⑯ 14025	㉑ 40248	㉖ 27987
⑰ 36300	㉒ 23978	㉗ 20805

52쪽 09 (세 자리 수) × (두 자리 수) C

❶ 2288, 51480, 53768

❷ 966, 12880, 13846

❸ 966, 6900, 7866

❹ 2248, 11240, 13488

❺ 5278, 52780, 58058

❻ 7112, 53340, 60452

❼ 3485, 62730, 66215

❽ 2055, 41100, 43155

❾ 872, 15260, 16132

❿ 424, 33920, 34344

⓫ 3610, 43320, 46930

⓬ 3836, 86310, 90146

53쪽

⓭ 20280

⓮ 53985

⓯ 28952

⓰ 36363

⓱ 19055

⓲ 48888

⓳ 28728

⓴ 4232

㉑ 9350

㉒ 46275

㉓ 25536

㉔ 12936

㉕ 41168

㉖ 69934

㉗ 39402

㉘ 36490

㉙ 17472

㉚ 35867

㉛ 4770

㉜ 33096

㉝ 12642

54쪽 01 (몇백몇십) ÷ (몇십) A

① 7
② 5
③ 5
④ 8
⑤ 3
⑥ 8
⑦ 6
⑧ 3
⑨ 4
⑩ 7
⑪ 6
⑫ 9

55쪽

⑬ 7
⑭ 4
⑮ 7
⑯ 5
⑰ 5
⑱ 7
⑲ 6
⑳ 4
㉑ 8
㉒ 9
㉓ 4
㉔ 8
㉕ 3
㉖ 5
㉗ 7

56쪽 02 (몇백몇십) ÷ (몇십) B

① 8
② 4⋯20
③ 8
④ 9⋯60
⑤ 6⋯10
⑥ 5
⑦ 8⋯50
⑧ 3
⑨ 8
⑩ 4⋯30
⑪ 4
⑫ 7⋯10

57쪽

⑬ 7
⑭ 5⋯10
⑮ 7
⑯ 3⋯40
⑰ 7
⑱ 4
⑲ 9⋯20
⑳ 2
㉑ 4⋯50
㉒ 4
㉓ 8⋯20
㉔ 5
㉕ 5
㉖ 3⋯80
㉗ 5
㉘ 3⋯30
㉙ 6
㉚ 2⋯40

58쪽 03 (몇백몇십) ÷ (몇십) C

① 3, 10, 3, 10
② 5, 5
③ 7, 10, 7, 10
④ 3, 3
⑤ 5, 10, 5, 10
⑥ 3, 3
⑦ 5, 50, 5, 50
⑧ 4, 4
⑨ 8, 30, 8, 30
⑩ 4, 70, 4, 70

59쪽

⑪ 8
⑫ 5⋯10
⑬ 3
⑭ 6⋯40
⑮ 6
⑯ 7⋯20
⑰ 9
⑱ 8⋯50
⑲ 3
⑳ 4⋯30
㉑ 6
㉒ 8⋯10
㉓ 8
㉔ 5⋯10
㉕ 9
㉖ 6⋯20
㉗ 9
㉘ 4⋯10
㉙ 7
㉚ 7⋯10
㉛ 9

60쪽 04 (세 자리 수) ÷ (몇십) A

① 5⋯25
② 5⋯22
③ 7⋯27
④ 8⋯10
⑤ 3⋯20
⑥ 5⋯29
⑦ 5⋯4
⑧ 7⋯48
⑨ 5⋯4
⑩ 9⋯20
⑪ 4⋯49
⑫ 7⋯6

61쪽

⑬ 6⋯37
⑭ 9⋯42
⑮ 3⋯14
⑯ 3⋯14
⑰ 2⋯27
⑱ 6⋯19
⑲ 4⋯19
⑳ 6⋯12
㉑ 6⋯15
㉒ 6⋯14
㉓ 2⋯7
㉔ 4⋯10
㉕ 9⋯17
㉖ 8⋯6
㉗ 6⋯28

62쪽 05 (세 자리 수) ÷ (몇십) B

① 23···4
② 23···4
③ 23···3
④ 36···6
⑤ 28···13
⑥ 41···14
⑦ 29···15
⑧ 25···8
⑨ 31···17
⑩ 44···18
⑪ 31···3
⑫ 27···11

63쪽

⑬ 34···3
⑭ 24···6
⑮ 43···16
⑯ 38···10
⑰ 29···15
⑱ 13···11
⑲ 22···2
⑳ 24···1
㉑ 32···2
㉒ 24···5
㉓ 39···12
㉔ 12···41
㉕ 28···13
㉖ 31···17
㉗ 46···4
㉘ 26···9
㉙ 33···4
㉚ 13···4

64쪽 06 (세 자리 수) ÷ (몇십) C

① 8, 17, 8, 17
② 6, 7, 6, 7
③ 9, 69, 9, 69
④ 7, 12, 7, 12
⑤ 3, 17, 3, 17
⑥ 6, 25, 6, 25
⑦ 4, 33, 4, 33
⑧ 6, 49, 6, 49
⑨ 3, 28, 3, 28
⑩ 3, 24, 3, 24

65쪽

⑪ 3···12
⑫ 7···58
⑬ 6···29
⑭ 4···24
⑮ 8···49
⑯ 7···16
⑰ 4···15
⑱ 6···52
⑲ 8···3
⑳ 5···42
㉑ 8···16
㉒ 9···7
㉓ 6···45
㉔ 7···5
㉕ 9···25
㉖ 6···8
㉗ 8···12
㉘ 6···39
㉙ 8···15
㉚ 6···7
㉛ 8···9

66쪽 07 몫이 한 자리 수인 (두 자리 수) ÷ (두 자리 수) A

① 5
② 2
③ 3
④ 2
⑤ 2
⑥ 5
⑦ 2
⑧ 3
⑨ 3
⑩ 3
⑪ 3
⑫ 2

67쪽

⑬ 2
⑭ 5
⑮ 3
⑯ 2
⑰ 5
⑱ 4
⑲ 2
⑳ 3
㉑ 5
㉒ 2
㉓ 2
㉔ 3
㉕ 2
㉖ 3
㉗ 2

68쪽 08 몫이 한 자리 수인 (두 자리 수) ÷ (두 자리 수) B

① 2···4
② 2···16
③ 2···26
④ 2···28
⑤ 4···3
⑥ 2···4
⑦ 2···4
⑧ 2···1
⑨ 2···9
⑩ 4···1
⑪ 2···5
⑫ 2···3

69쪽

⑬ 3···4
⑭ 4···2
⑮ 2···7
⑯ 3···10
⑰ 2···14
⑱ 2···6
⑲ 2···12
⑳ 2···2
㉑ 2···7
㉒ 2···21
㉓ 2···8
㉔ 2···3
㉕ 4···4
㉖ 3···7
㉗ 2···12
㉘ 3···4
㉙ 5···4
㉚ 4···2

09 몫이 한 자리 수인 (두 자리 수) ÷ (두 자리 수) C

70쪽

1. 2, 3, 2, 3
2. 2, 8, 2, 8
3. 2, 11, 2, 11
4. 5, 4, 5, 4
5. 2, 5, 2, 5
6. 3, 8, 3, 8
7. 2, 12, 2, 12
8. 2, 5, 2, 5
9. 2, 6, 2, 6
10. 2, 19, 2, 19

71쪽

11. 2⋯8
12. 2⋯11
13. 4⋯9
14. 2⋯10
15. 2⋯2
16. 3⋯3
17. 1⋯36
18. 2⋯25
19. 7⋯1
20. 2⋯15
21. 4⋯3
22. 2⋯2
23. 2⋯14
24. 5⋯4
25. 2⋯3
26. 2⋯26
27. 2⋯5
28. 2⋯2
29. 3⋯11
30. 2⋯4
31. 2⋯10

11 몫이 한 자리 수인 (세 자리 수) ÷ (두 자리 수) B

74쪽

1. 2⋯1
2. 8⋯6
3. 7⋯5
4. 6⋯5
5. 9⋯7
6. 5⋯2
7. 5⋯1
8. 5⋯2
9. 8⋯6
10. 3⋯1
11. 8⋯7
12. 3⋯2

75쪽

13. 9⋯8
14. 6⋯3
15. 7⋯3
16. 8⋯7
17. 5⋯4
18. 3⋯2
19. 3⋯2
20. 6⋯4
21. 3⋯1
22. 6⋯5
23. 8⋯6
24. 8⋯6
25. 7⋯6
26. 6⋯3
27. 7⋯5
28. 5⋯4
29. 5⋯4
30. 9⋯5

10 몫이 한 자리 수인 (세 자리 수) ÷ (두 자리 수) A

72쪽

1. 5
2. 8
3. 4
4. 8
5. 4
6. 3
7. 6
8. 8
9. 3
10. 7
11. 6
12. 8

73쪽

13. 9
14. 9
15. 3
16. 7
17. 6
18. 9
19. 7
20. 8
21. 4
22. 9
23. 6
24. 4
25. 4
26. 6
27. 9

12 몫이 한 자리 수인 (세 자리 수) ÷ (두 자리 수) C

76쪽

1. 2, 1, 2, 1
2. 9, 5, 9, 5
3. 4, 2, 4, 2
4. 5, 4, 5, 4
5. 2, 1, 2, 1
6. 5, 3, 5, 3
7. 4, 3, 4, 3
8. 3, 2, 3, 2
9. 6, 5, 6, 5
10. 5, 2, 5, 2

77쪽

11. 7⋯6
12. 2⋯1
13. 5⋯4
14. 8⋯6
15. 2⋯1
16. 9⋯5
17. 6⋯4
18. 9⋯5
19. 8⋯6
20. 8⋯6
21. 4⋯3
22. 6⋯3
23. 8⋯4
24. 3⋯2
25. 7⋯3
26. 5⋯3
27. 2⋯1
28. 2⋯1
29. 9⋯6
30. 8⋯6
31. 8⋯7

13 몫이 두 자리 수인 (세 자리 수) ÷ (두 자리 수)① A

78쪽

① 27 ② 11 ③ 36 ④ 21 ⑤ 17 ⑥ 24 ⑦ 14 ⑧ 47 ⑨ 59 ⑩ 21 ⑪ 77 ⑫ 12

79쪽

⑬ 12 ⑭ 67 ⑮ 16 ⑯ 84 ⑰ 22 ⑱ 39 ⑲ 11 ⑳ 37 ㉑ 13 ㉒ 23 ㉓ 15 ㉔ 38 ㉕ 22 ㉖ 34 ㉗ 21

14 몫이 두 자리 수인 (세 자리 수) ÷ (두 자리 수)① B

80쪽

① 21⋯13 ② 37⋯8 ③ 23⋯12 ④ 14⋯11 ⑤ 17⋯13 ⑥ 12⋯2 ⑦ 15⋯9 ⑧ 16⋯4 ⑨ 18⋯2 ⑩ 46⋯3 ⑪ 87⋯3 ⑫ 13⋯5

81쪽

⑬ 65⋯5 ⑭ 11⋯4 ⑮ 34⋯7 ⑯ 12⋯7 ⑰ 47⋯10 ⑱ 25⋯3 ⑲ 13⋯2 ⑳ 45⋯6 ㉑ 14⋯11 ㉒ 48⋯6 ㉓ 22⋯11 ㉔ 42⋯3 ㉕ 35⋯1 ㉖ 11⋯4 ㉗ 74⋯6 ㉘ 12⋯8 ㉙ 67⋯11 ㉚ 22⋯3

15 몫이 두 자리 수인 (세 자리 수) ÷ (두 자리 수)① C

82쪽

① 23, 10, 23, 10 ② 13, 5, 13, 5 ③ 21, 9, 21, 9 ④ 12, 6, 12, 6 ⑤ 39, 3, 39, 3 ⑥ 18, 15, 18, 15 ⑦ 28, 6, 28, 6 ⑧ 12, 2, 12, 2 ⑨ 32, 13, 32, 13 ⑩ 11, 9, 11, 9

83쪽

⑪ 11⋯9 ⑫ 35⋯8 ⑬ 16⋯12 ⑭ 13⋯5 ⑮ 11⋯7 ⑯ 12⋯5 ⑰ 38⋯11 ⑱ 12⋯10 ⑲ 11⋯9 ⑳ 23⋯8 ㉑ 28⋯2 ㉒ 18⋯7 ㉓ 25⋯4 ㉔ 46⋯4 ㉕ 26⋯9 ㉖ 38⋯11 ㉗ 53⋯7 ㉘ 17⋯12 ㉙ 21⋯10 ㉚ 19⋯15 ㉛ 11⋯2

16 몫이 두 자리 수인 (세 자리 수) ÷ (두 자리 수)② A

84쪽

① 21 ② 15 ③ 11 ④ 19 ⑤ 13 ⑥ 21 ⑦ 38 ⑧ 26 ⑨ 12 ⑩ 15 ⑪ 21 ⑫ 27

85쪽

⑬ 13 ⑭ 21 ⑮ 18 ⑯ 12 ⑰ 23 ⑱ 22 ⑲ 15 ⑳ 24 ㉑ 22 ㉒ 14 ㉓ 17 ㉔ 11 ㉕ 23 ㉖ 16 ㉗ 13

17 몫이 두 자리 수인 (세 자리 수) ÷ (두 자리 수)② B

86쪽

① 26⋯1
② 39⋯12
③ 39⋯10
④ 14⋯9
⑤ 19⋯1
⑥ 12⋯11
⑦ 14⋯3
⑧ 45⋯1
⑨ 11⋯6
⑩ 14⋯6
⑪ 21⋯4
⑫ 16⋯4

87쪽

⑬ 14⋯8
⑭ 19⋯2
⑮ 15⋯10
⑯ 22⋯11
⑰ 12⋯4
⑱ 11⋯8
⑲ 17⋯6
⑳ 38⋯4
㉑ 18⋯7
㉒ 11⋯5
㉓ 38⋯7
㉔ 34⋯15
㉕ 27⋯1
㉖ 11⋯6
㉗ 37⋯1
㉘ 28⋯7
㉙ 13⋯8
㉚ 29⋯7

18 몫이 두 자리 수인 (세 자리 수) ÷ (두 자리 수)② C

88쪽

① 17, 6, 17, 6
② 15, 5, 15, 5
③ 12, 7, 12, 7
④ 22, 5, 22, 5
⑤ 14, 2, 14, 2
⑥ 28, 2, 28, 2
⑦ 13, 3, 13, 3
⑧ 15, 10, 15, 10
⑨ 15, 7, 15, 7
⑩ 13, 6, 13, 6

89쪽

⑪ 11⋯2
⑫ 18⋯1
⑬ 14⋯9
⑭ 12⋯4
⑮ 21⋯2
⑯ 12⋯5
⑰ 14⋯10
⑱ 13⋯10
⑲ 13⋯7
⑳ 32⋯6
㉑ 18⋯14
㉒ 16⋯9
㉓ 13⋯4
㉔ 15⋯5
㉕ 21⋯8
㉖ 28⋯3
㉗ 12⋯1
㉘ 16⋯11
㉙ 12⋯5
㉚ 16⋯11
㉛ 14⋯11

MEMO

쌤과 맘이 만든

쌍둥이 연산노트

초등 7단계

4·1

복습책

쌍둥이 연산 노트

한눈에 보기

1학년

1학기

단원	학습 내용
9까지의 수	·9까지의 수의 순서 알기 ·수를 세어 크기 비교하기
덧셈	·9까지의 수 모으기 ·합이 9까지인 덧셈하기
뺄셈	·9까지의 수 가르기 ·한 자리 수의 뺄셈하기
50까지의 수	·십몇 알고 모으기와 가르기 ·50까지의 수의 순서 알기 ·50까지의 수의 크기 비교

2학기

단원	학습 내용
100까지의 수	·100까지의 수의 순서 알기 ·100까지 수의 크기 비교하기
덧셈(1)	·(몇십몇)+(몇십몇) ·합이 한 자리 수인 세 수의 덧셈
뺄셈(1)	·(몇십몇)−(몇십몇) ·계산 결과가 한 자리 수인 세 수의 뺄셈
덧셈(2)	·세 수의 덧셈 ·받아올림이 있는 (몇)+(몇)
뺄셈(2)	·세 수의 뺄셈 ·받아내림이 있는 (십몇)−(몇)

2학년

1학기

단원	학습 내용
세 자리 수	·세 자리 수의 자릿값 알기 ·수의 크기 비교
덧셈	·받아올림이 있는 (두 자리 수)+(두 자리 수) ·세 수의 덧셈
뺄셈	·받아내림이 있는 (두 자리 수)−(두 자리 수) ·세 수의 뺄셈
곱셈	·몇 배인지 알아보기 ·곱셈식으로 나타내기

2학기

단원	학습 내용
네 자리 수	·네 자리 수 알기 ·두 수의 크기 비교
곱셈구구	·2~9단 곱셈구구 ·1의 단, 0과 어떤 수의 곱
길이 재기	·길이의 합 ·길이의 차
시각과 시간	·시각 읽기 ·시각과 분 사이의 관계 ·하루, 1주일, 달력 알기

3학년

1학기

단원	학습 내용
덧셈	·받아올림이 있는 (세 자리 수)+(세 자리 수)
뺄셈	·받아내림이 있는 (세 자리 수)−(세 자리 수)
나눗셈	·곱셈과 나눗셈의 관계 ·나눗셈의 몫 구하기
곱셈	·올림이 있는 (몇십몇)×(몇)
길이와 시간의 덧셈과 뺄셈	·길이의 덧셈과 뺄셈 ·시간의 덧셈과 뺄셈
분수와 소수	·분모가 같은 분수의 크기 비교 ·소수의 크기 비교

2학기

단원	학습 내용
곱셈	·올림이 있는 (세 자리 수)×(한 자리 수) ·올림이 있는 (몇십몇)×(몇십몇)
나눗셈	·나머지가 있는 (몇십몇)÷(몇) ·나머지가 있는 (세 자리 수)÷(한 자리 수)
분수	·진분수, 가분수, 대분수 ·대분수를 가분수로 나타내기 ·가분수를 대분수로 나타내기 ·분모가 같은 분수의 크기 비교
들이와 무게	·들이의 덧셈과 뺄셈 ·무게의 덧셈과 뺄셈

쌍둥이 연산 노트는 수학 교과서의 연산과 관련된 모든 영역의 문제를
학교 수업 차시에 맞게 구성하였습니다.

4학년

1학기

단원	학습 내용
큰 수	· 다섯 자리 수 · 천만, 천억, 천조 알기 · 수의 크기 비교
각도	· 각도의 합과 차 · 삼각형의 세 각의 크기의 합 · 사각형의 네 각의 크기의 합
곱셈	· (몇백)×(몇십) · (세 자리 수)×(두 자리 수)
나눗셈	· (몇백몇십)÷(몇십) · (세 자리 수)÷(두 자리 수)

2학기

단원	학습 내용
분수의 덧셈	· 분모가 같은 분수의 덧셈 · 진분수 부분의 합이 1보다 큰 대분수의 덧셈
분수의 뺄셈	· 분모가 같은 분수의 뺄셈 · 받아내림이 있는 대분수의 뺄셈
소수의 덧셈	· (소수 두 자리 수)+(소수 두 자리 수) · 자릿수가 다른 소수의 덧셈
소수의 뺄셈	· (소수 두 자리 수)−(소수 두 자리 수) · 자릿수가 다른 소수의 뺄셈
다각형	· 삼각형, 평행사변형, 마름모, 직사각형의 각도와 길이 구하기

5학년

1학기

단원	학습 내용
자연수의 혼합 계산	· 덧셈, 뺄셈, 곱셈, 나눗셈이 섞여 있는 식 계산하기
약수와 배수	· 약수와 배수 · 최대공약수와 최소공배수
약분과 통분	· 약분과 통분 · 분수와 소수의 크기 비교
분수의 덧셈과 뺄셈	· 받아올림이 있는 분수의 덧셈 · 받아내림이 있는 분수의 뺄셈
다각형의 둘레와 넓이	· 정다각형의 둘레 · 사각형, 평행사변형, 삼각형, 마름모, 사다리꼴의 넓이

2학기

단원	학습 내용
어림하기	· 올림, 버림, 반올림
분수의 곱셈	· (분수)×(자연수) · (자연수)×(분수) · (분수)×(분수) · 세 분수의 곱셈
소수의 곱셈	· (소수)×(자연수) · (자연수)×(소수) · (소수)×(소수) · 곱의 소수점의 위치
자료의 표현	· 평균 구하기

6학년

1학기

단원	학습 내용
분수의 나눗셈	· (자연수)÷(자연수) · (분수)÷(자연수)
소수의 나눗셈	· (소수)÷(자연수) · (자연수)÷(자연수)
비와 비율	· 비와 비율 구하기 · 비율을 백분율, 백분율을 비율로 나타내기
직육면체의 부피와 겉넓이	· 직육면체의 부피와 겉넓이 · 정육면체의 부피와 겉넓이

2학기

단원	학습 내용
분수의 나눗셈	· (진분수)÷(진분수) · (자연수)÷(분수) · (대분수)÷(대분수)
소수의 나눗셈	· (소수)÷(소수) · (자연수)÷(소수) · 몫을 반올림하여 나타내기
비례식과 비례배분	· 간단한 자연수의 비로 나타내기 · 비례식과 비례배분
원주와 원의 넓이	· 원주, 지름, 반지름 구하기 · 원의 넓이 구하기

구성과 유의점

단원	학습 내용	지도 시 유의점	표준 시간
큰 수	01 다섯 자리 수 알기	다섯 자리 수의 구성 원리를 이해시키고, 쓰고 읽는 방법을 익히게 합니다.	8분
	02 천만 단위까지의 수 알기	10000이 10개, 100개, 1000개인 수로 십만, 백만, 천만을 이해하게 하고, 천만 단위까지 수를 쓰고 읽게 합니다.	7분
	03 천억 단위까지의 수 알기	천만의 10배, 천억의 10배인 수로 억과 조를 이해하게 하고, 억과 조 단위까지 수를 쓰고 읽게 합니다.	7분
	04 천조 단위까지의 수 알기		7분
	05 뛰어 세기	다양한 문제 상황에서 뛰어 세는 규칙을 발견하여 뛰어 세어 보게 합니다.	7분
	06 수의 크기 비교(1)	자릿수가 서로 다른 수, 자리 수가 같은 수를 비교하는 방법을 익히게 합니다.	12분
	07 수의 크기 비교(2)		12분
각도	01 각도의 합(1)	두 각을 모아 보는 활동을 통해 각도의 합을 자연수의 덧셈과 연계하여 이해시킵니다.	9분
	02 각도의 합(2)		15분
	03 각도의 차(1)	두 각을 겹쳐 보는 활동을 통해 각도의 차를 자연수의 뺄셈과 연계하여 이해시킵니다.	9분
	04 각도의 차(2)		15분
	05 삼각형의 세 각의 크기의 합(1)	삼각형의 세 각의 크기의 합은 180°임을 반드시 이해시킵니다.	9분
	06 삼각형의 세 각의 크기의 합(2)		11분
	07 사각형의 네 각의 크기의 합(1)	사각형의 네 각의 크기의 합은 360°임을 반드시 이해시킵니다.	9분
	08 사각형의 네 각의 크기의 합(2)		11분
곱셈	01 (몇백)×(몇십)(1)	(몇백)×(몇십)의 계산 원리를 형식화하고, 계산을 하게 합니다.	13분
	02 (몇백)×(몇십)(2)		13분
	03 (몇백)×(몇십)(3)		13분
	04 (세 자리 수)×(몇십)(1)	(세 자리 수)×(몇십)의 계산 원리를 형식화하고, 계산을 하게 합니다.	13분
	05 (세 자리 수)×(몇십)(2)		13분
	06 (세 자리 수)×(몇십)(3)		13분

◆ 차시별 2쪽 구성으로 차시의 중요도별로 A~C단계로 2~6쪽까지 집중적으로 학습할 수 있습니다.
◆ 차시별 예습 2쪽+복습 2쪽 구성으로 시기별로 2번 반복할 수 있습니다.

단원	학습 내용	지도 시 유의점	표준 시간
곱셈	07 (세 자리 수)×(두 자리 수)(1)	(세 자리 수)×(두 자리 수)의 계산 원리를 형식화하고, 계산을 하게 합니다.	13분
	08 (세 자리 수)×(두 자리 수)(2)		13분
	09 (세 자리 수)×(두 자리 수)(3)		15분
나눗셈	01 (몇백몇십)÷(몇십)(1)	(몇백몇십)÷(몇십)의 계산 원리를 형식화하고, 계산하여 계산 결과를 확인하게 합니다.	13분
	02 (몇백몇십)÷(몇십)(2)		15분
	03 (몇백몇십)÷(몇십)(3)		15분
	04 (세 자리 수)÷(몇십)(1)	(세 자리 수)÷(몇십)의 계산 원리를 형식화하고, 계산하여 계산 결과를 확인하게 합니다.	13분
	05 (세 자리 수)÷(몇십)(2)		15분
	06 (세 자리 수)÷(몇십)(3)		15분
	07 몫이 한 자리 수인 (두 자리 수)÷(두 자리 수)(1)	· 몫이 한 자리 수가 되고 나누어떨어지는 (두 자리 수)÷(두 자리 수)의 계산 원리를 형식화하게 합니다. · 몫이 한 자리 수가 되고 나머지가 있는 (두 자리 수)÷(두 자리 수)의 계산 원리를 형식화하게 합니다.	13분
	08 몫이 한 자리 수인 (두 자리 수)÷(두 자리 수)(2)		15분
	09 몫이 한 자리 수인 (두 자리 수)÷(두 자리 수)(3)		15분
	10 몫이 한 자리 수인 (세 자리 수)÷(두 자리 수)(1)	· 곱셈을 이용하여 부분 몫을 구하는 활동을 통해 몫이 한 자리 수가 되는 (세 자리 수)÷(두 자리 수)의 계산 원리를 형식화하게 합니다. · 몫이 한 자리 수가 되고 나머지가 있는 (세 자리 수)÷(두 자리 수)의 계산 원리를 형식화하게 합니다.	13분
	11 몫이 한 자리 수인 (세 자리 수)÷(두 자리 수)(2)		15분
	12 몫이 한 자리 수인 (세 자리 수)÷(두 자리 수)(3)		15분
	13 몫이 두 자리 수인 (세 자리 수)÷(두 자리 수)①(1)	· 곱셈을 이용하여 부분 몫을 구하는 활동을 통해 몫이 두 자리 수가 되는 (세 자리 수)÷(두 자리 수)의 계산 원리를 형식화하게 합니다. · 몫이 두 자리 수가 되고 나누어떨어지는 (세 자리 수)÷(두 자리 수)의 계산 원리를 형식화하게 합니다. · 몫이 두 자리 수가 되고 나머지가 있는 (세 자리 수)÷(두 자리 수)의 계산 원리를 형식화하게 합니다. · 몫이 두 자리 수가 되고 나머지가 있는 (세 자리 수)÷(두 자리 수)를 계산하고 계산 결과를 확인하게 합니다.	13분
	14 몫이 두 자리 수인 (세 자리 수)÷(두 자리 수)①(2)		15분
	15 몫이 두 자리 수인 (세 자리 수)÷(두 자리 수)①(3)		15분
	16 몫이 두 자리 수인 (세 자리 수)÷(두 자리 수)②(1)		13분
	17 몫이 두 자리 수인 (세 자리 수)÷(두 자리 수)②(2)		15분
	18 몫이 두 자리 수인 (세 자리 수)÷(두 자리 수)②(3)		15분

01 다섯 자리 수 알기

복습 A

빈칸에 알맞은 수나 말을 써넣으세요.

1

수	10000이 7개
쓰기	
읽기	

2

수	10000이 9개
쓰기	
읽기	

3

수	10000이 3개
쓰기	
읽기	

4

수	10000이 5개
쓰기	
읽기	

5

수	10000이 1개
쓰기	
읽기	

6

수	10000이 2개
쓰기	
읽기	

7

수	10000이 4개
쓰기	
읽기	

8

수	10000이 6개
쓰기	
읽기	

9

수	10000이 8개
쓰기	
읽기	

10

수	10000이 9개
쓰기	
읽기	

정답 92쪽

공부한 날짜	맞힌 개수	걸린 시간
월 일	/26	분

□ 안에 알맞은 수를 써넣으세요.

⑪ 10000이 2개이면 □입니다.

⑫ 10000이 8개이면 □입니다.

⑬ 10000이 7개이면 □입니다.

⑭ 10000이 5개이면 □입니다.

⑮ 10000이 9개이면 □입니다.

⑯ 10000이 8개이면 □입니다.

⑰ 10000이 6개이면 □입니다.

⑱ 10000이 4개이면 □입니다.

⑲ 10000이 6개이면 □입니다.

⑳ 10000이 3개이면 □입니다.

㉑ 10000이 4개이면 □입니다.

㉒ 10000이 1개이면 □입니다.

㉓ 10000이 3개이면 □입니다.

㉔ 10000이 2개이면 □입니다.

㉕ 10000이 5개이면 □입니다.

㉖ 10000이 7개이면 □입니다.

02 천만 단위까지의 수 알기

복습 A

주어진 수를 표의 빈칸에 써넣으세요.

❶ 25860000

천	백	십	일	천	백	십	일
			만				일

❷ 61530000

천	백	십	일	천	백	십	일
			만				일

❸ 89320000

천	백	십	일	천	백	십	일
			만				일

❹ 30320000

천	백	십	일	천	백	십	일
			만				일

❺ 73750000

천	백	십	일	천	백	십	일
			만				일

❻ 92650000

천	백	십	일	천	백	십	일
			만				일

❼ 44760000

천	백	십	일	천	백	십	일
			만				일

❽ 18290000

천	백	십	일	천	백	십	일
			만				일

❾ 87190000

천	백	십	일	천	백	십	일
			만				일

❿ 58200000

천	백	십	일	천	백	십	일
			만				일

정답 92쪽

공부한 날짜	맞힌 개수	걸린 시간
월 일	/22	분

□ 안에 알맞은 수를 써넣으세요.

⑪ 41434973은 만이 □개, 일이 □개인 수입니다.

⑫ 23645185는 만이 □개, 일이 □개인 수입니다.

⑬ 55878317은 만이 □개, 일이 □개인 수입니다.

⑭ 80434863은 만이 □개, 일이 □개인 수입니다.

⑮ 39212751은 만이 □개, 일이 □개인 수입니다.

⑯ 75979317은 만이 □개, 일이 □개인 수입니다.

⑰ 11423863은 만이 □개, 일이 □개인 수입니다.

⑱ 69313751은 만이 □개, 일이 □개인 수입니다.

⑲ 90148501은 만이 □개, 일이 □개인 수입니다.

⑳ 43279592는 만이 □개, 일이 □개인 수입니다.

㉑ 15503673은 만이 □개, 일이 □개인 수입니다.

㉒ 27371284는 만이 □개, 일이 □개인 수입니다.

03 천억 단위까지의 수 알기

복습 A

주어진 수를 표의 빈칸에 써넣으세요.

1 561900000000

천	백	십	일	천	백	십	일	천	백	십	일
			억				만				일

2 672000000000

천	백	십	일	천	백	십	일	천	백	십	일
			억				만				일

3 915300000000

천	백	십	일	천	백	십	일	천	백	십	일
			억				만				일

4 226400000000

천	백	십	일	천	백	십	일	천	백	십	일
			억				만				일

5 783100000000

천	백	십	일	천	백	십	일	천	백	십	일
			억				만				일

6 450800000000

천	백	십	일	천	백	십	일	천	백	십	일
			억				만				일

정답 92쪽

공부한 날짜	맞힌 개수	걸린 시간
월 일	/14	분

◆ □ 안에 알맞은 수를 써넣으세요.

❼ 894285693275는 억이 □개, 만이 □개, 일이 □개인 수입니다.

❽ 804287603275는 억이 □개, 만이 □개, 일이 □개인 수입니다.

❾ 137516936508은 억이 □개, 만이 □개, 일이 □개인 수입니다.

❿ 359736158720은 억이 □개, 만이 □개, 일이 □개인 수입니다.

⓫ 460846269831은 억이 □개, 만이 □개, 일이 □개인 수입니다.

⓬ 248626047619는 억이 □개, 만이 □개, 일이 □개인 수입니다.

⓭ 682067481053은 억이 □개, 만이 □개, 일이 □개인 수입니다.

⓮ 915398714386은 억이 □개, 만이 □개, 일이 □개인 수입니다.

04 천조 단위까지의 수 알기

복습 A

주어진 수를 표의 빈칸에 써넣으세요.

❶ 8942000000000000

천	백	십	일	천	백	십	일	천	백	십	일	천	백	십	일
			조				억				만				일

❷ 2486000000000000

천	백	십	일	천	백	십	일	천	백	십	일	천	백	십	일
			조				억				만				일

❸ 4608000000000000

천	백	십	일	천	백	십	일	천	백	십	일	천	백	십	일
			조				억				만				일

❹ 2264000000000000

천	백	십	일	천	백	십	일	천	백	십	일	천	백	십	일
			조				억				만				일

❺ 1375000000000000

천	백	십	일	천	백	십	일	천	백	십	일	천	백	십	일
			조				억				만				일

정답 92쪽

공부한 날짜	맞힌 개수	걸린 시간
월 일	/13	분

□ 안에 알맞은 수를 써넣으세요.

6 6720644710533725는 조가 □개, 억이 □개, 만이 □개, 일이 □개인 수입니다.

7 4508442598312503은 조가 □개, 억이 □개, 만이 □개, 일이 □개인 수입니다.

8 3597361587202492는 조가 □개, 억이 □개, 만이 □개, 일이 □개인 수입니다.

9 7831755821643836은 조가 □개, 억이 □개, 만이 □개, 일이 □개인 수입니다.

10 2386230376192381은 조가 □개, 억이 □개, 만이 □개, 일이 □개인 수입니다.

11 5619543609422614는 조가 □개, 억이 □개, 만이 □개, 일이 □개인 수입니다.

12 1275139265081270은 조가 □개, 억이 □개, 만이 □개, 일이 □개인 수입니다.

13 3497341487202492는 조가 □개, 억이 □개, 만이 □개, 일이 □개인 수입니다.

05 뛰어 세기

복습 A

뛰어서 센 수입니다. 빈칸에 알맞은 수를 써넣으세요.

❶ (　) - 3598조 - 4598조 - 5598조 - 6598조 - (　) - 8598조 - (　)

천조의 자리가 1씩 커져요.

❷ 481만 - (　) - 483만 - 484만 - 485만 - (　) - (　) - 488만

❸ 259억 - (　) - (　) - 559억 - 659억 - (　) - 859억 - 959억

❹ 4710억 - 4711억 - 4712억 - (　) - (　) - 4715억 - 4716억 - (　)

❺ (　) - 31억 - 32억 - (　) - (　) - 35억 - 36억 - 37억

❻ 692조 - 693조 - (　) - 695조 - (　) - (　) - 698조 - 699조

❼ 3709만 - (　) - (　) - 3739만 - 3749만 - 3759만 - (　) - 3779만

❽ (　) - 71조 - 72조 - (　) - 74조 - 75조 - 76조 - (　)

정답 93쪽

공부한 날짜	맞힌 개수	걸린 시간
월 일	/16	분

뛰어서 센 수입니다. 빈칸에 알맞은 수를 써넣으세요.

9 926억 - 936억 - 946억 - ( ) - ( ) - 976억 - 986억 - ( )

10 360조 - 361조 - 362조 - ( ) - ( ) - 365조 - ( ) - 367조

11 71억 - 72억 - ( ) - 74억 - ( ) - ( ) - 77억 - 78억

12 29만 - ( ) - 49만 - ( ) - 69만 - 79만 - ( ) - 99만

13 ( ) - 724만 - ( ) - 744만 - 754만 - 764만 - 774만 - ( )

14 ( ) - ( ) - 8354조 - 8454조 - 8554조 - 8654조 - ( ) - 8854조

15 6032만 - ( ) - ( ) - 6332만 - 6432만 - ( ) - 6632만 - 6732만

16 1487억 - 2487억 - ( ) - ( ) - ( ) - 6487억 - 7487억 - 8487억

06 수의 크기 비교

복습 A

두 수의 크기를 비교하여 ○ 안에 >, <를 알맞게 써넣으세요.

❶ 570570 ○ 86247
6자리 5자리

❷ 1681681 ○ 195705

❸ 1792792 ○ 20681

❹ 53803 ○ 5391491

❺ 914914 ○ 64125

❻ 4125125 ○ 863473

❼ 36236 ○ 3856956

❽ 6347347 ○ 207780

❾ 98458 ○ 9735835

❿ 69569 ○ 284694

⓫ 670670 ○ 3179279

⓬ 81781 ○ 428038

⓭ 6412691 ○ 752362

⓮ 5237126 ○ 97458

⓯ 48237 ○ 196709

⓰ 9745938 ○ 150818

정답 93쪽

공부한 날짜	맞힌 개수	걸린 시간
월 일	/32	분

두 수의 크기를 비교하여 ○ 안에 >, <를 알맞게 써넣으세요.

⑰ 8560459 ○ 26191

⑱ 382671 ○ 3720116

⑲ 904893 ○ 48311

⑳ 5126125 ○ 59422

㉑ 7348347 ○ 605324

㉒ 195605 ○ 7164251

㉓ 93892 ○ 8275262

㉔ 9388637 ○ 64025224

㉕ 9671560 ○ 816455

㉖ 2893782 ○ 70534

㉗ 4015914 ○ 694295

㉘ 37236 ○ 583142

㉙ 8459458 ○ 47204

㉚ 82781 ○ 361930

㉛ 914913 ○ 25083

㉜ 5136135 ○ 149738

07 수의 크기 비교

복습 B

두 수의 크기를 비교하여 ○ 안에 >, <를 알맞게 써넣으세요.

❶ 68127050 ○ 61943858
8 > 1

❷ 35184727 ○ 33710525

❸ 68127050 ○ 61943858

❹ 91250383 ○ 92376181

❺ 13372505 ○ 82487292

❻ 46195838 ○ 81265070

❼ 32261494 ○ 33710525

❽ 79238161 ○ 71154969

❾ 79238161 ○ 71154969

❿ 57116949 ○ 51832747

⓫ 80249272 ○ 81265070

⓬ 24383616 ○ 22609414

⓭ 43821636 ○ 44121636

⓮ 51832747 ○ 92376181

⓯ 92487292 ○ 22609414

⓰ 12591303 ○ 12598303

정답 93쪽

공부한 날짜	맞힌 개수	걸린 시간
월 일	/32	분

두 수의 크기를 비교하여 ○ 안에 >, <를 알맞게 써넣으세요.

⑰ 84445025 ○ 84646026

⑱ 28278469 ○ 28589469

⑲ 73434914 ○ 17779359

⑳ 95757137 ○ 95456136

㉑ 39591571 ○ 39891571

㉒ 74134925 ○ 73635915

㉓ 85245136 ○ 52823793

㉔ 41191682 ○ 96967137

㉕ 51312792 ○ 51613793

㉖ 52112793 ○ 56467247

㉗ 17267358 ○ 17578358

㉘ 40391681 ○ 40522682

㉙ 96256247 ○ 28780460

㉚ 63123814 ○ 62624804

㉛ 39389570 ○ 41812682

㉜ 62323803 ○ 66768248

01 각도의 합

복습 A

그림을 보고 각도의 합을 구하세요.

1
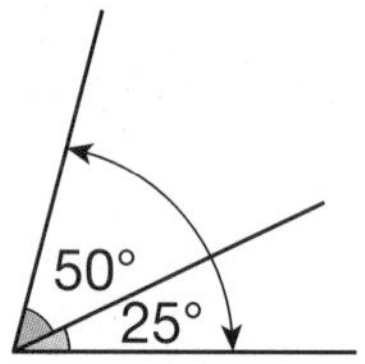

➡ $25^\circ + 50^\circ = \square$

2
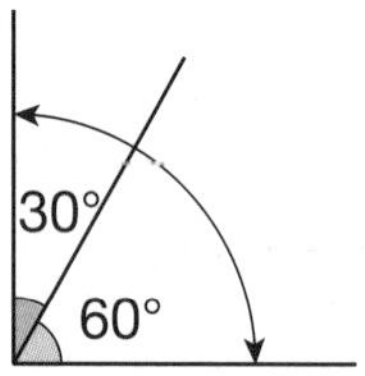

➡ $60^\circ + 30^\circ = \square$

3
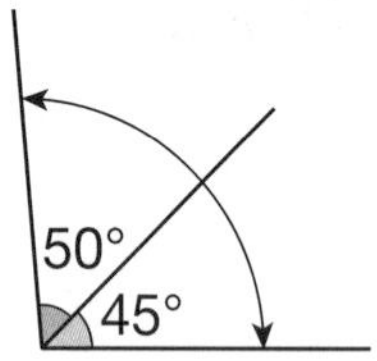

➡ $45^\circ + 50^\circ = \square$

4
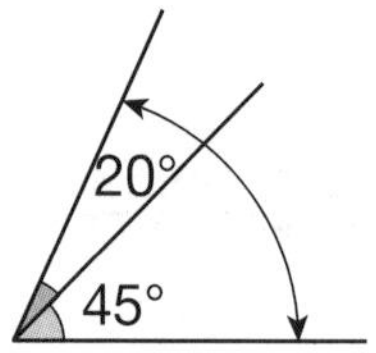

➡ $45^\circ + 20^\circ = \square$

5
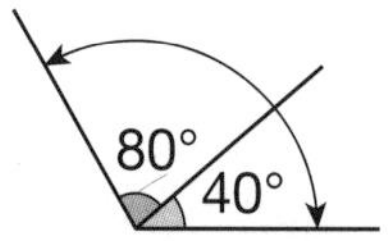

➡ $40^\circ + 80^\circ = \square$

6
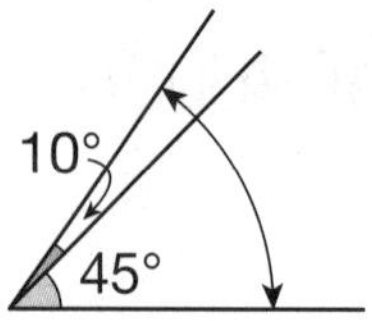

➡ $45^\circ + 10^\circ = \square$

7
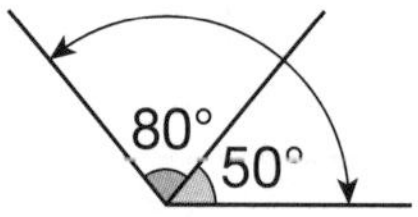

➡ $50^\circ + 80^\circ = \square$

8
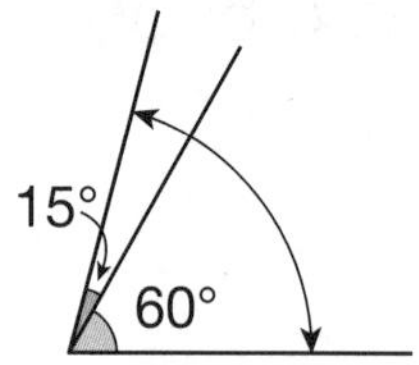

➡ $60^\circ + 15^\circ = \square$

9
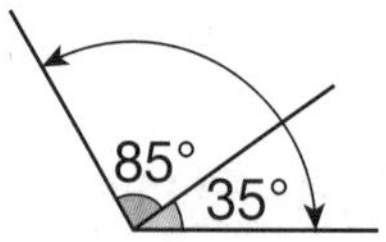

➡ $35^\circ + 85^\circ = \square$

10
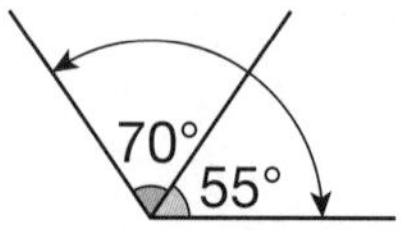

➡ $55^\circ + 70^\circ = \square$

➲ 정답 94쪽

공부한 날짜	맞힌 개수	걸린 시간
월 일	/20	분

◈ 그림을 보고 각도의 합을 구하세요.

⓫
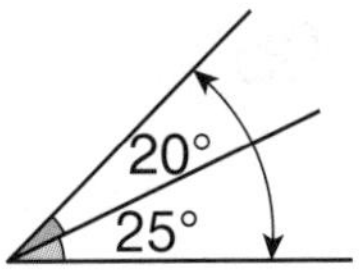

➜ $25^\circ + 20^\circ =$ ☐

⓬
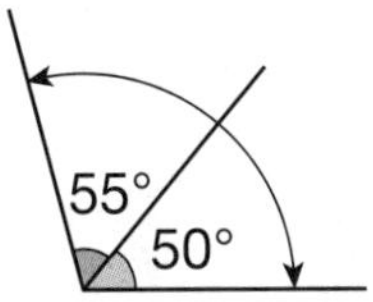

➜ $50^\circ + 55^\circ =$ ☐

⓭
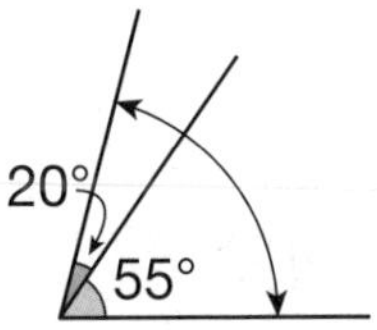

➜ $55^\circ + 20^\circ =$ ☐

⓮
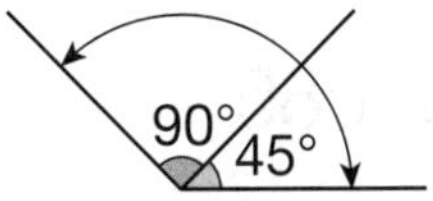

➜ $45^\circ + 90^\circ =$ ☐

⓯
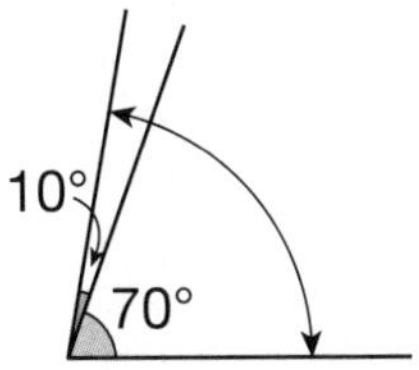

➜ $70^\circ + 10^\circ =$ ☐

⓰
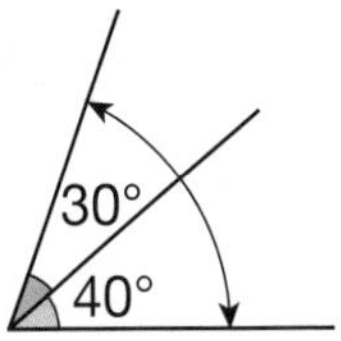

➜ $40^\circ + 30^\circ =$ ☐

⓱
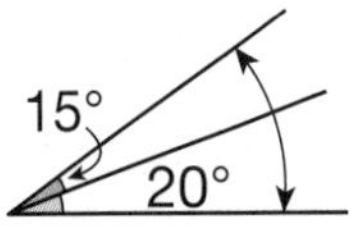

➜ $20^\circ + 15^\circ =$ ☐

⓲
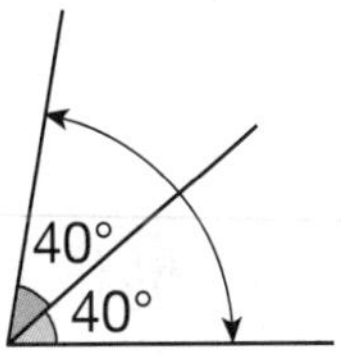

➜ $40^\circ + 40^\circ =$ ☐

⓳
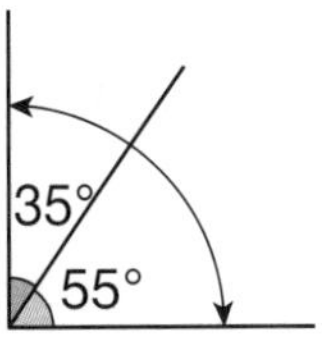

➜ $55^\circ + 35^\circ =$ ☐

⓴
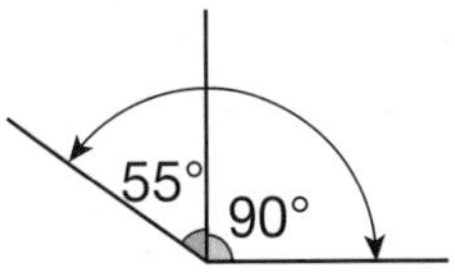

➜ $90^\circ + 55^\circ =$ ☐

02 각도의 합

복습 B

각도의 합을 구하세요.

1. $55^\circ + 80^\circ$

   55 + 80 = 135

2. $80^\circ + 45^\circ$
3. $30^\circ + 65^\circ$
4. $95^\circ + 75^\circ$
5. $70^\circ + 95^\circ$
6. $55^\circ + 60^\circ$
7. $95^\circ + 80^\circ$
8. $20^\circ + 60^\circ$
9. $90^\circ + 90^\circ$
10. $10^\circ + 40^\circ$
11. $70^\circ + 60^\circ$
12. $40^\circ + 85^\circ$
13. $50^\circ + 60^\circ$
14. $60^\circ + 35^\circ$
15. $50^\circ + 95^\circ$
16. $80^\circ + 25^\circ$
17. $65^\circ + 75^\circ$
18. $85^\circ + 45^\circ$
19. $75^\circ + 85^\circ$
20. $45^\circ + 95^\circ$
21. $80^\circ + 70^\circ$

정답 94쪽

공부한 날짜	맞힌 개수	걸린 시간
월 일	/42	분

각도의 합을 구하세요.

㉒ $55^\circ+85^\circ$

㉓ $10^\circ+95^\circ$

㉔ $60^\circ+65^\circ$

㉕ $15^\circ+90^\circ$

㉖ $20^\circ+40^\circ$

㉗ $75^\circ+90^\circ$

㉘ $10^\circ+75^\circ$

㉙ $25^\circ+45^\circ$

㉚ $65^\circ+95^\circ$

㉛ $30^\circ+90^\circ$

㉜ $85^\circ+95^\circ$

㉝ $50^\circ+85$

㉞ $15^\circ+25^\circ$

㉟ $35^\circ+45^\circ$

㊱ $75^\circ+75^\circ$

㊲ $45^\circ+65^\circ$

㊳ $65^\circ+90^\circ$

㊴ $55^\circ+75^\circ$

㊵ $40^\circ+70^\circ$

㊶ $60^\circ+95^\circ$

㊷ $80^\circ+90^\circ$

03 각도의 차

복습 A

그림을 보고 각도의 차를 구하세요.

1

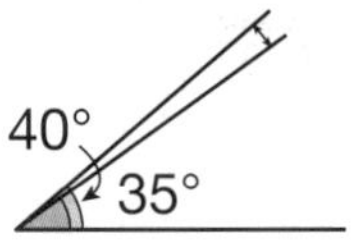

$40^\circ - 35^\circ = \square$

2

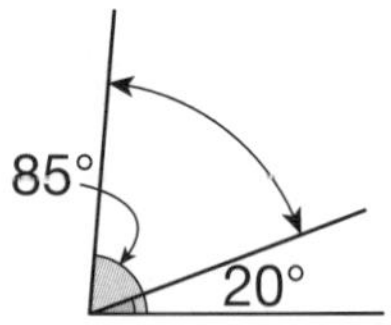

$85^\circ - 20^\circ = \square$

3

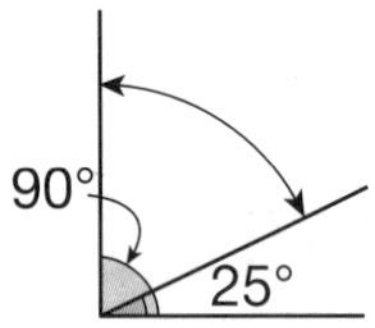

$90^\circ - 25^\circ = \square$

4

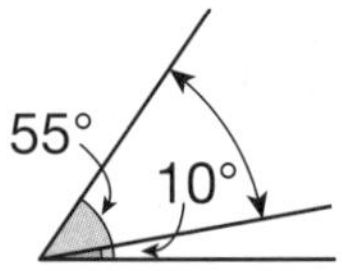

$55 - 10^\circ = \square$

5

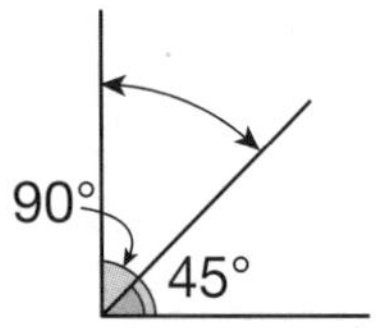

$90^\circ - 45^\circ = \square$

6

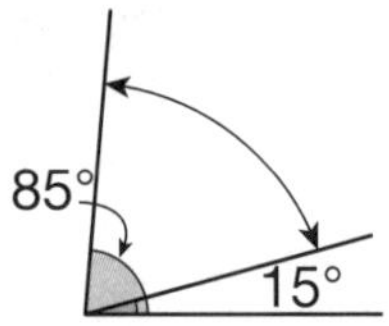

$85^\circ - 15^\circ = \square$

7

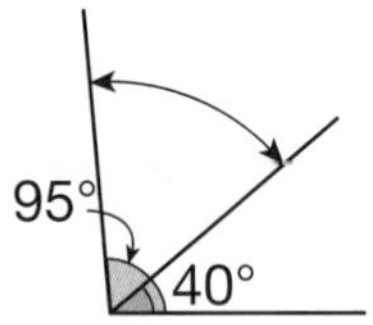

$95^\circ - 40^\circ = \square$

8

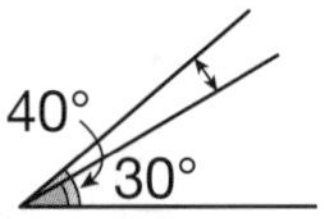

$40^\circ - 30^\circ = \square$

9

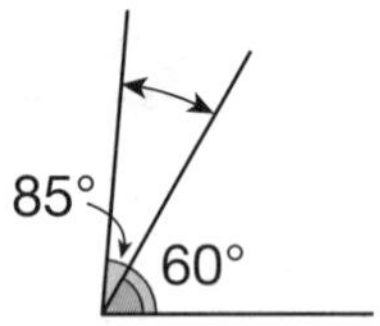

$85^\circ - 60^\circ = \square$

10

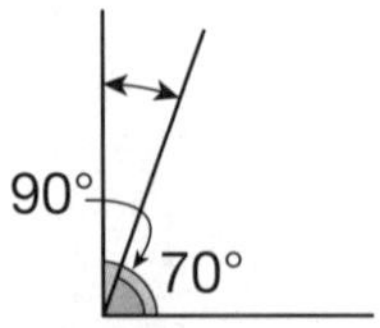

$90^\circ - 70^\circ = \square$

정답 94쪽

공부한 날짜	맞힌 개수	걸린 시간
월 일	/20	분

◆ 그림을 보고 각도의 차를 구하세요.

⑪
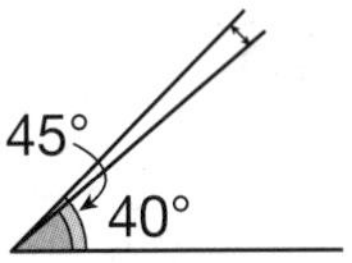

➡ $45° - 40° =$ ☐

⑫
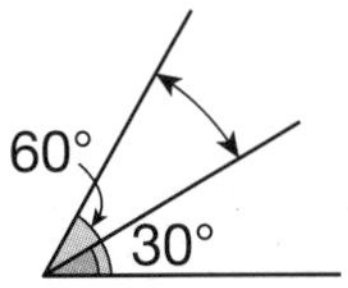

➡ $60° - 30° =$ ☐

⑬
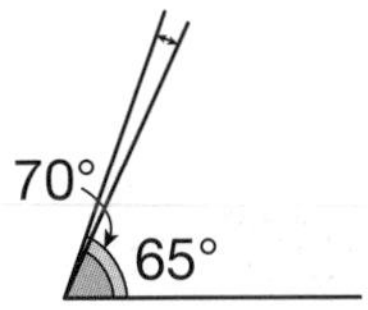

➡ $70° - 65° =$ ☐

⑭
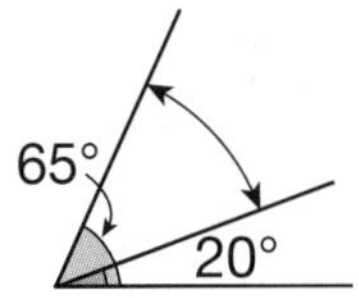

➡ $65° - 20° =$ ☐

⑮
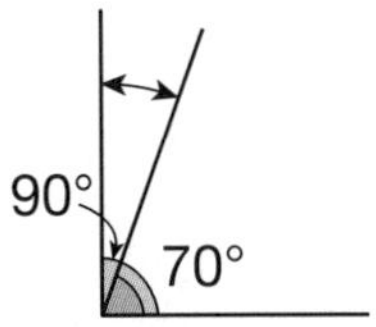

➡ $90° - 70° =$ ☐

⑯
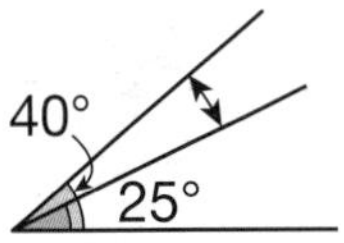

➡ $40° - 25° =$ ☐

⑰
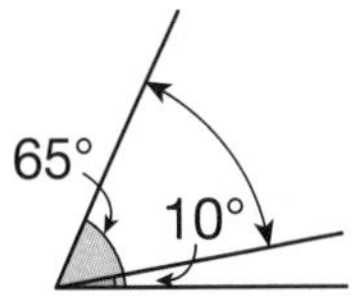

➡ $65° - 10° =$ ☐

⑱
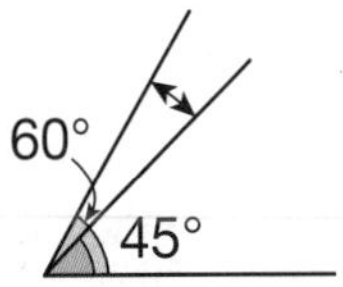

➡ $60° - 45° =$ ☐

⑲
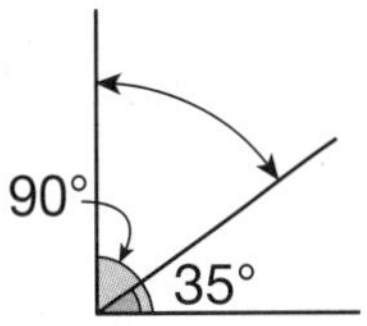

➡ $90° - 35° =$ ☐

⑳
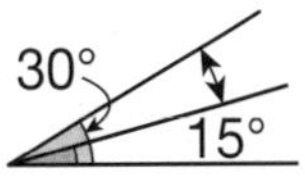

➡ $30° - 15° =$ ☐

04 각도의 차

복습 B

각도의 차를 구하세요.

1. $65^\circ - 30^\circ$
   65 − 30 = 35

2. $40^\circ - 20^\circ$

3. $85^\circ - 70^\circ$

4. $50^\circ - 10^\circ$

5. $110^\circ - 40^\circ$

6. $85^\circ - 25^\circ$

7. $160^\circ - 85^\circ$

8. $80^\circ - 45^\circ$

9. $75^\circ - 60^\circ$

10. $55^\circ - 35^\circ$

11. $115^\circ - 50^\circ$

12. $90^\circ - 30^\circ$

13. $75^\circ - 50^\circ$

14. $95^\circ - 35^\circ$

15. $35^\circ - 15^\circ$

16. $45^\circ - 25^\circ$

17. $135^\circ - 65^\circ$

18. $80^\circ - 20^\circ$

19. $35^\circ - 30^\circ$

20. $120^\circ - 40^\circ$

21. $95^\circ - 10^\circ$

정답 94쪽

공부한 날짜	맞힌 개수	걸린 시간
월 일	/42	분

각도의 차를 구하세요.

㉒ $95^\circ-65^\circ$

㉓ $85^\circ-55^\circ$

㉔ $105^\circ-35^\circ$

㉕ $50^\circ-15^\circ$

㉖ $95^\circ-60^\circ$

㉗ $25^\circ-10^\circ$

㉘ $155^\circ-75^\circ$

㉙ $110^\circ-20^\circ$

㉚ $60^\circ-25^\circ$

㉛ $160^\circ-85^\circ$

㉜ $70^\circ-15^\circ$

㉝ $85^\circ-50^\circ$

㉞ $95^\circ-20^\circ$

㉟ $75^\circ-30^\circ$

㊱ $65^\circ-45^\circ$

㊲ $45^\circ-30^\circ$

㊳ $95^\circ-15^\circ$

㊴ $135^\circ-65^\circ$

㊵ $70^\circ-35^\circ$

㊶ $140^\circ-60^\circ$

㊷ $80^\circ-25^\circ$

05 삼각형의 세 각의 크기의 합 복습 A

㉠의 각도를 구하세요.

1

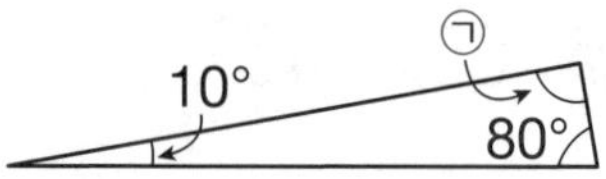

㉠$+10^\circ+80^\circ=180^\circ$

㉠$=180^\circ-10^\circ-80^\circ=$□

2

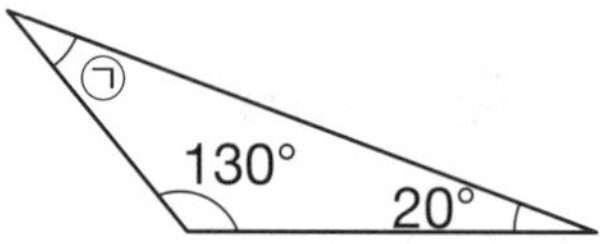

㉠$+130^\circ+20^\circ=180^\circ$

㉠$=180^\circ-130^\circ-20^\circ=$□

3

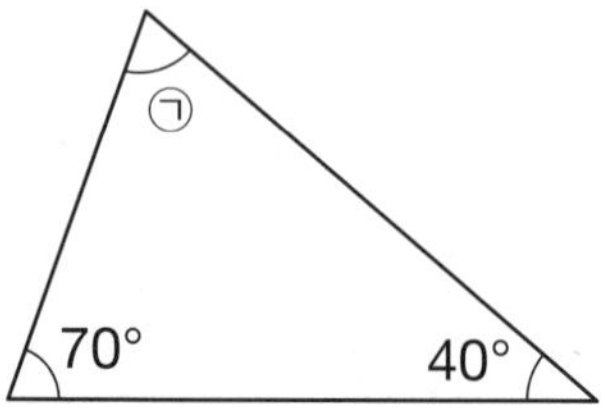

㉠$+70^\circ+40^\circ=180^\circ$

㉠$=180^\circ-70^\circ-40^\circ=$□

4

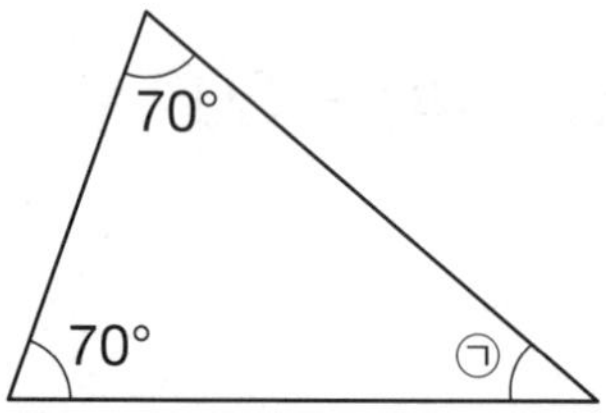

$70^\circ+70^\circ+$㉠$=180^\circ$

㉠$=180^\circ-70^\circ-70^\circ=$□

5

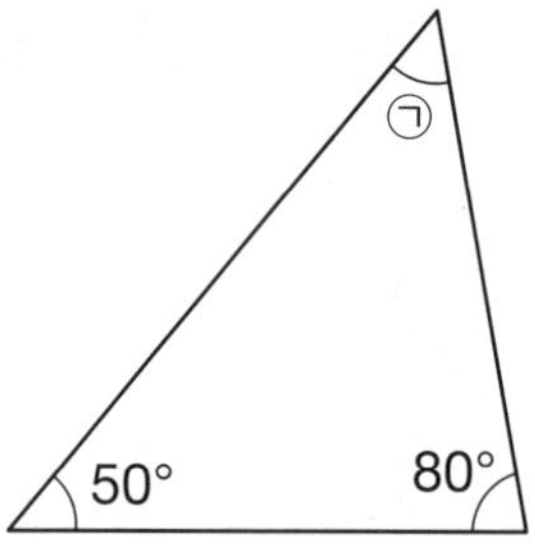

㉠$+50^\circ+80^\circ=180^\circ$

㉠ $=180^\circ-50^\circ-80^\circ=$□

6

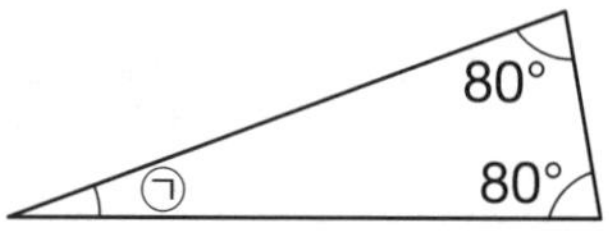

$80^\circ+$㉠$+80^\circ=180^\circ$

㉠$=180^\circ-80^\circ-80^\circ=$□

7

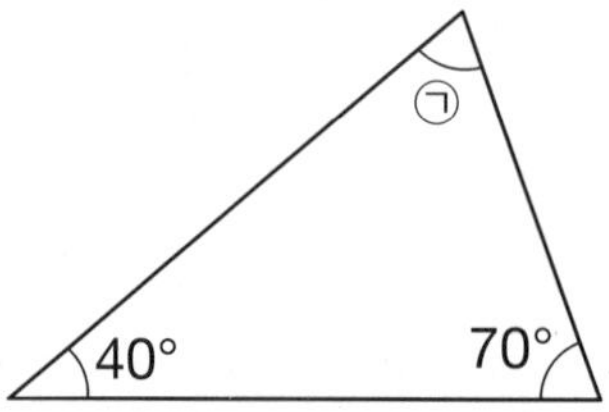

㉠$+40^\circ+70^\circ=180^\circ$

㉠$=180^\circ-40^\circ-70^\circ=$□

8

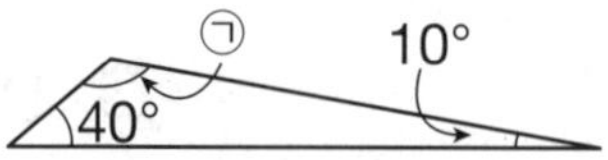

㉠$+40^\circ+10^\circ=180^\circ$

㉠$=180^\circ-40^\circ-10^\circ=$□

정답 95쪽

공부한 날짜	맞힌 개수	걸린 시간
월 일	/16	분

◈ ㉠의 각도를 구하세요.

9
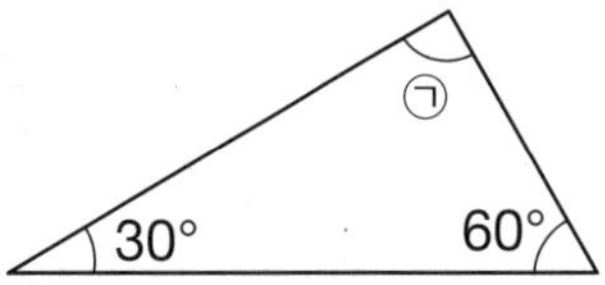

㉠$+30°+60°=180°$

㉠$=180°-30°-60°=$ ☐

13
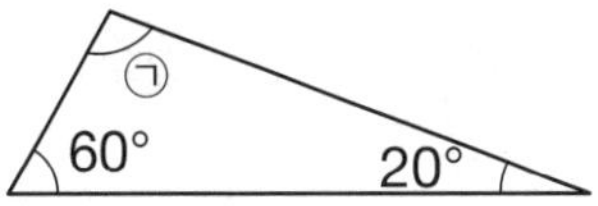

㉠$+60°+20°=180°$

㉠$=180°-60°-20°=$ ☐

10

$140°+20°+$㉠$=180°$

㉠$=180°-140°-20°=$ ☐

14
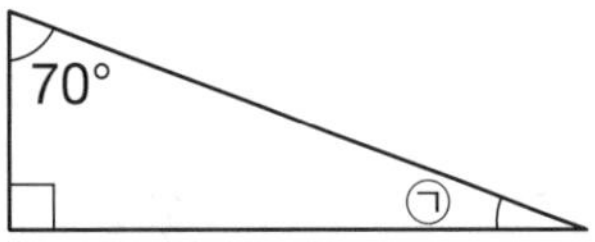

$70°+90°+$㉠$=180°$

㉠$=180°-70°-90°=$ ☐

11
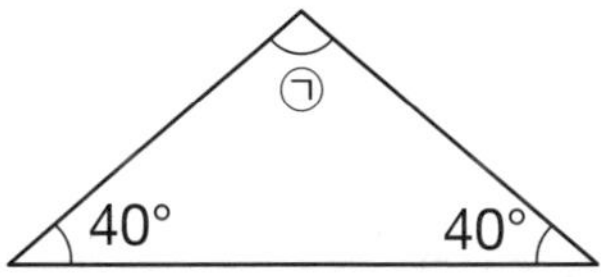

㉠$+40°+40°=180°$

㉠$=180°-40°-40°=$ ☐

15
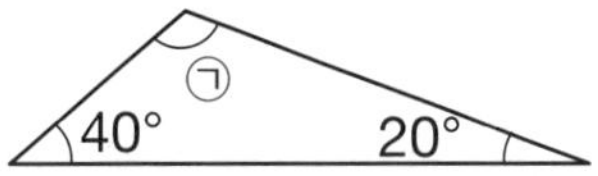

㉠$+40°+20°=180°$

㉠$=180°-40°-20°=$ ☐

12
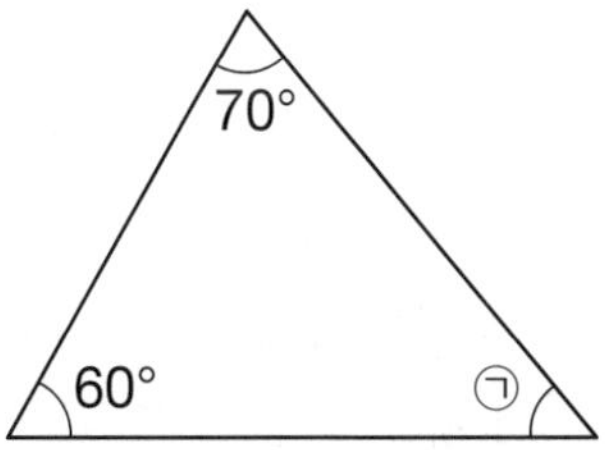

$70°+60°+$㉠$=180°$

㉠$=180°-70°-60°=$ ☐

16
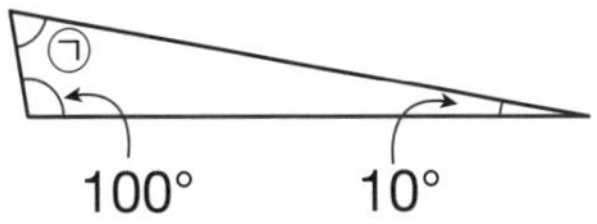

㉠$+100°+10°=180°$

㉠$=180°-100°-10°=$ ☐

06 삼각형의 세 각의 크기의 합 복습 B

□ 안에 알맞은 수를 구하세요.

1
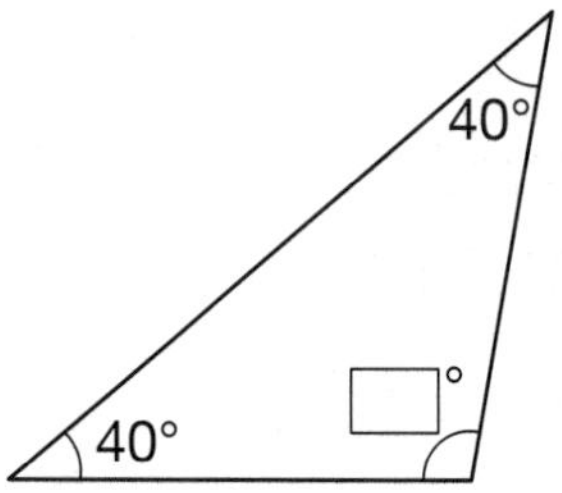

(　　　　　　　　)

40° + 40° + □° = 180°

2
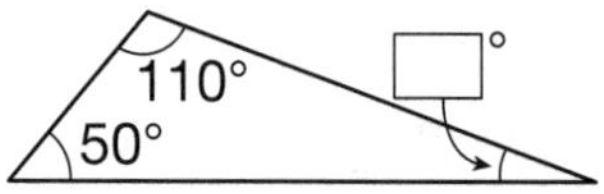

(　　　　　　　　)

3
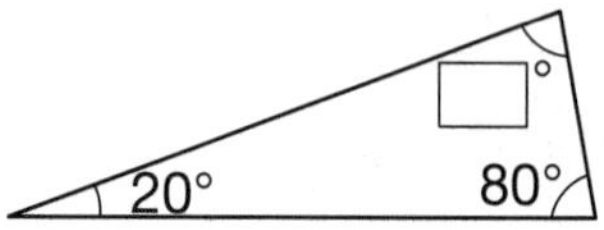

(　　　　　　　　)

4
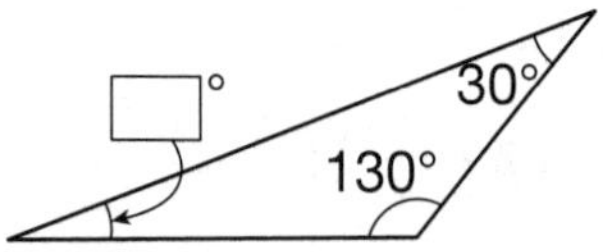

(　　　　　　　　)

5
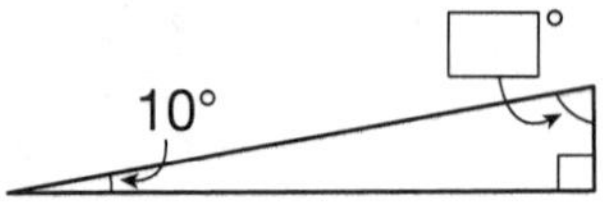

(　　　　　　　　)

6
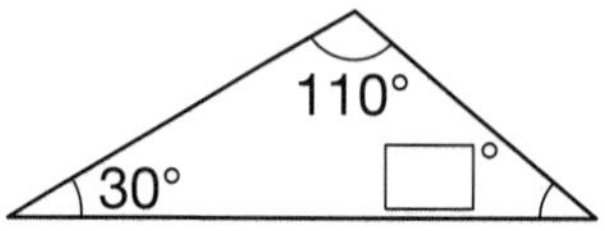

(　　　　　　　　)

7
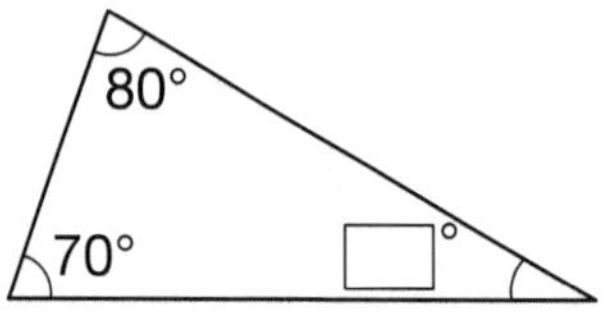

(　　　　　　　　)

8
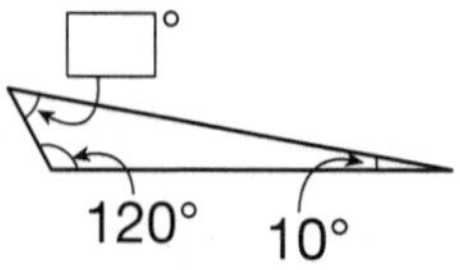

(　　　　　　　　)

9
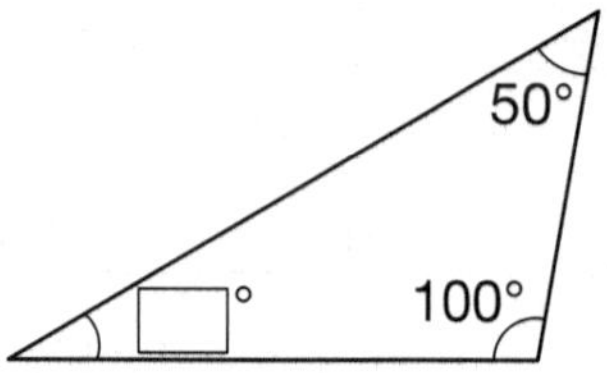

(　　　　　　　　)

10
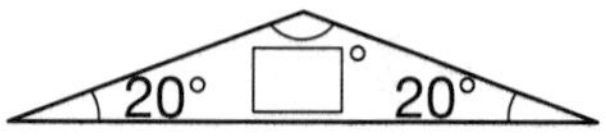

(　　　　　　　　)

11
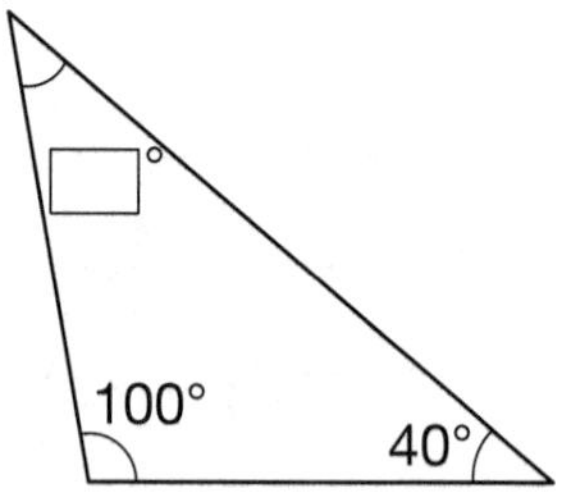

(　　　　　　　　)

12
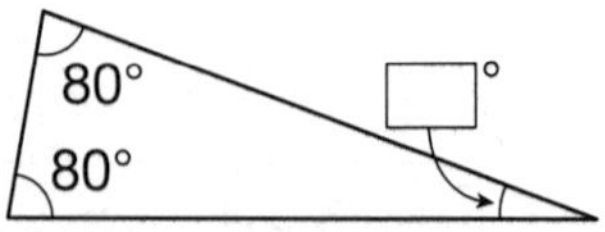

(　　　　　　　　)

정답 95쪽

공부한 날짜	맞힌 개수	걸린 시간
월 일	/24	분

□ 안에 알맞은 수를 구하세요.

13

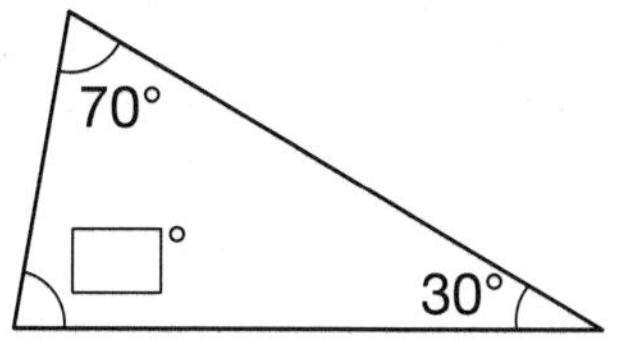

( )

17

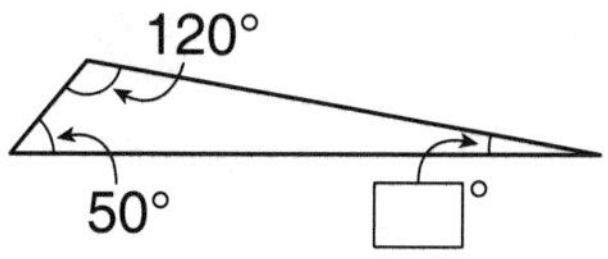

( )

21

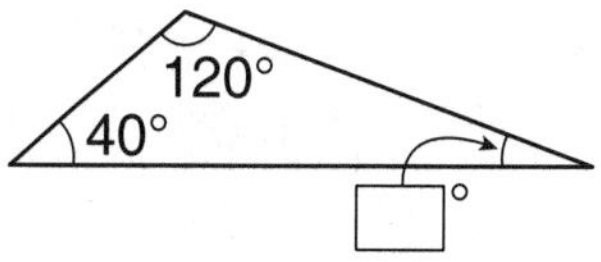

( )

14

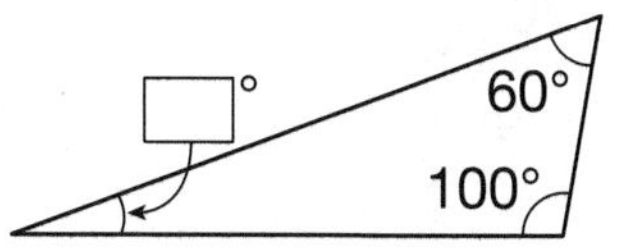

( )

18

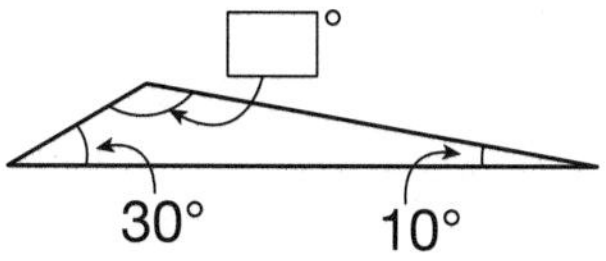

( )

22

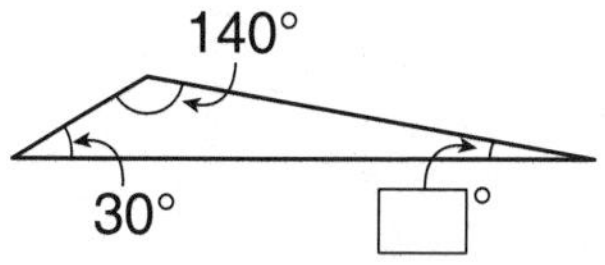

( )

15

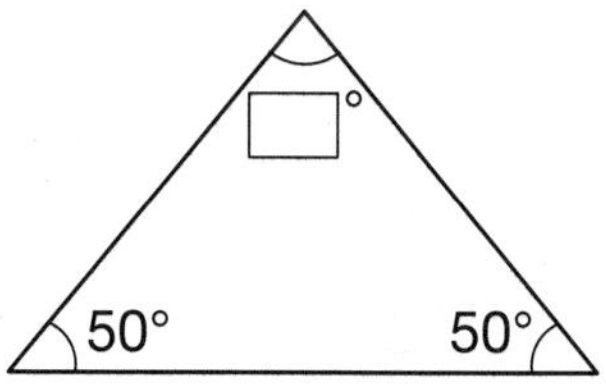

( )

19

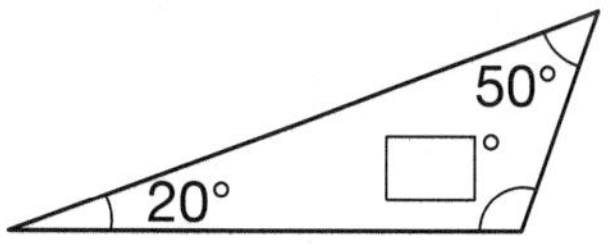

( )

23

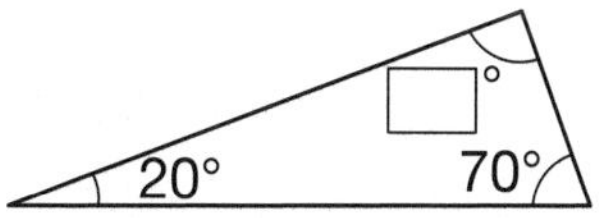

( )

16

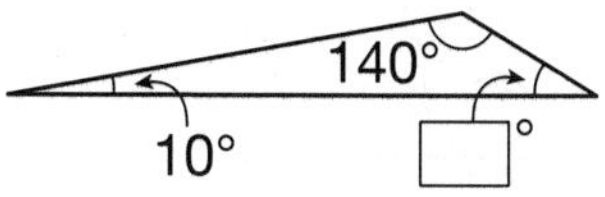

( )

20

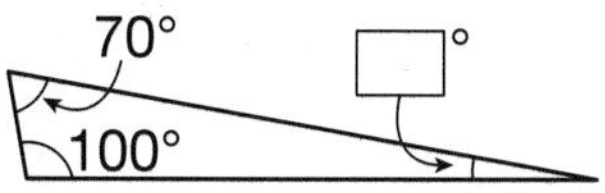

( )

24

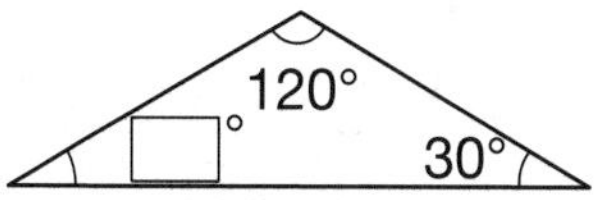

( )

07 사각형의 네 각의 크기의 합 복습 A

◈ ㉠의 각도를 구하세요.

1

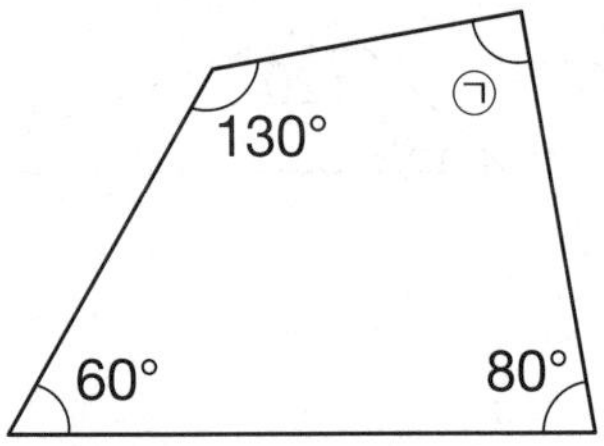

㉠=

130°+60°+80°+㉠=360°

5

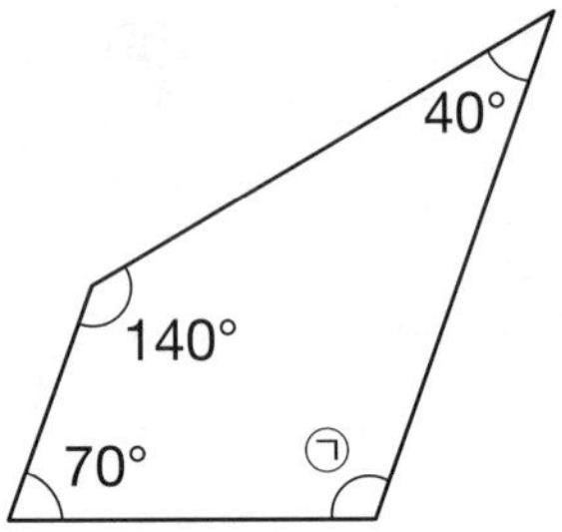

㉠=

2

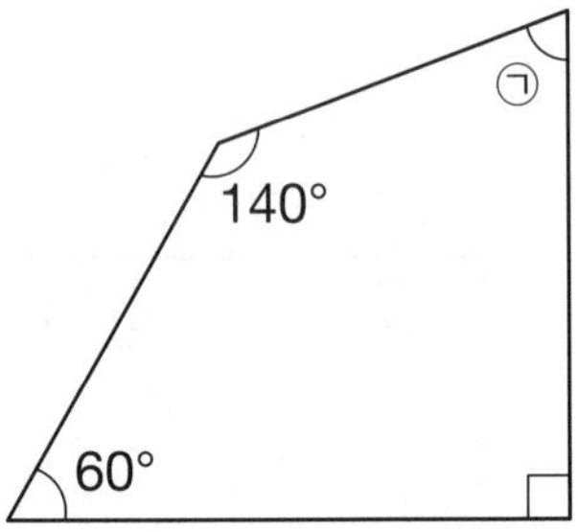

㉠=

6

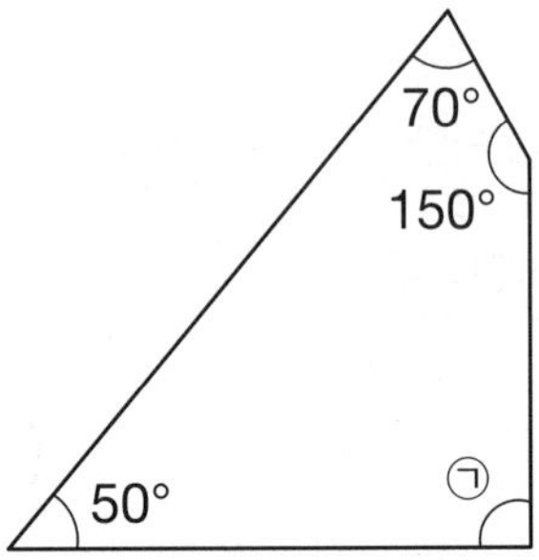

㉠=

3

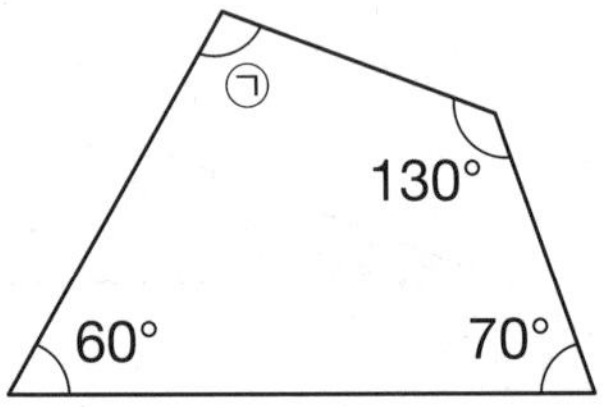

㉠=

7

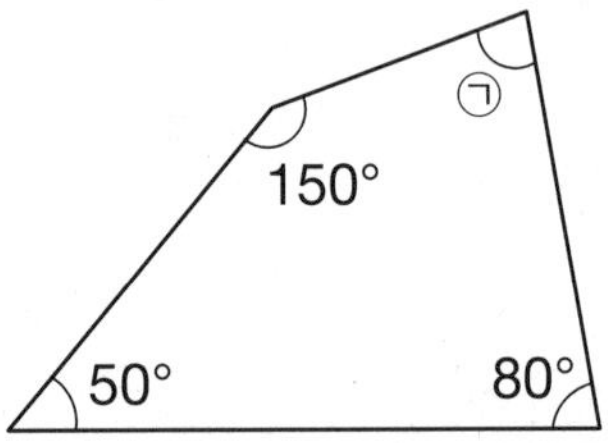

㉠=

4

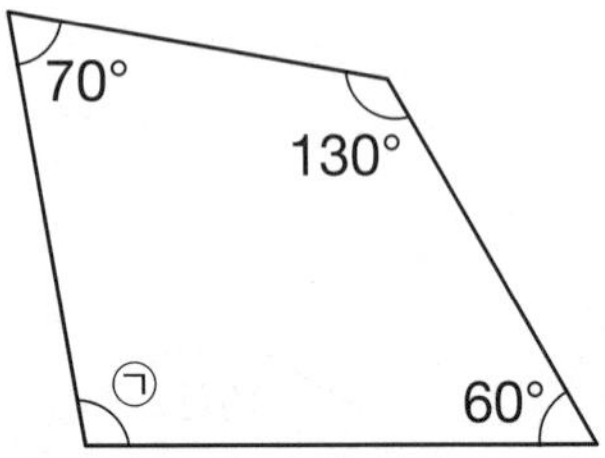

㉠=

8

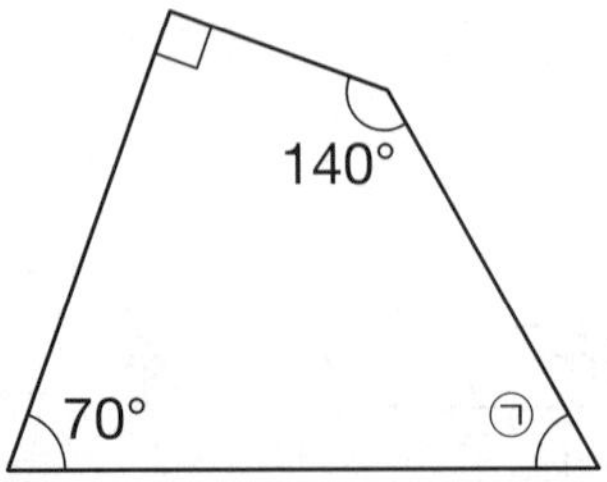

㉠=

정답 95쪽

공부한 날짜	맞힌 개수	걸린 시간
월 일	/16	분

㉠의 각도를 구하세요.

9

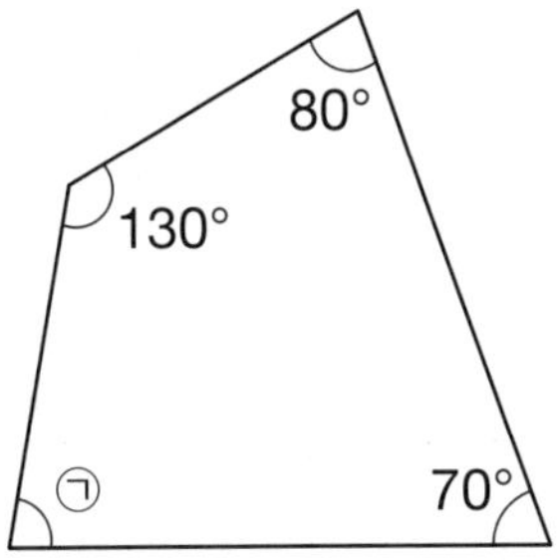

㉠= ☐

10

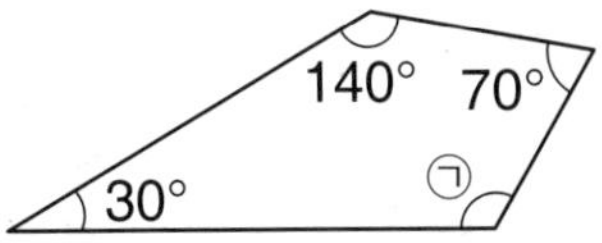

㉠= ☐

11

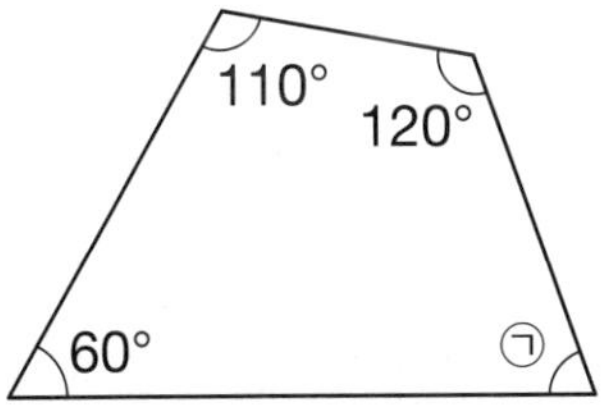

㉠= ☐

12

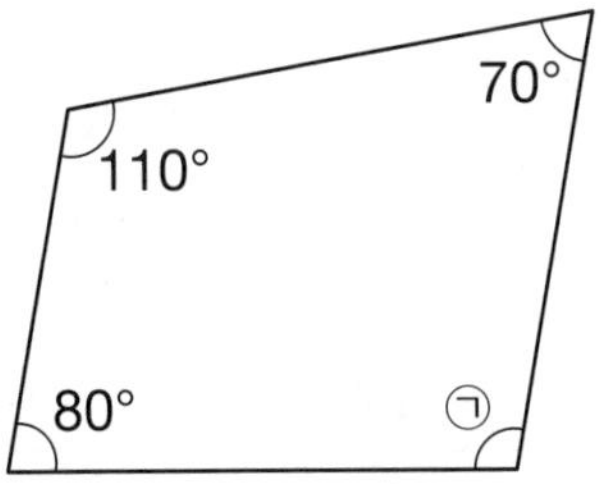

㉠= ☐

13

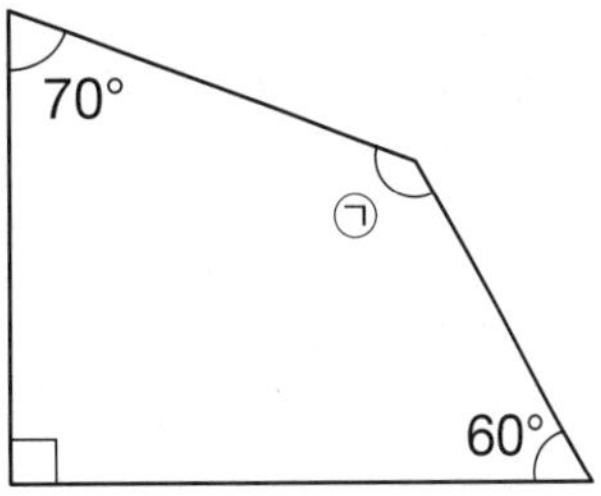

㉠= ☐

14

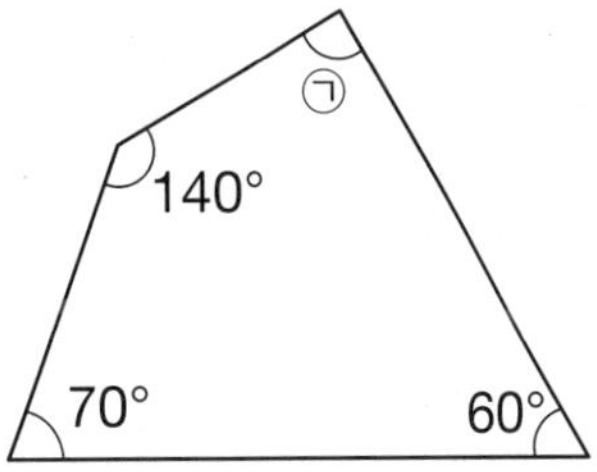

㉠= ☐

15

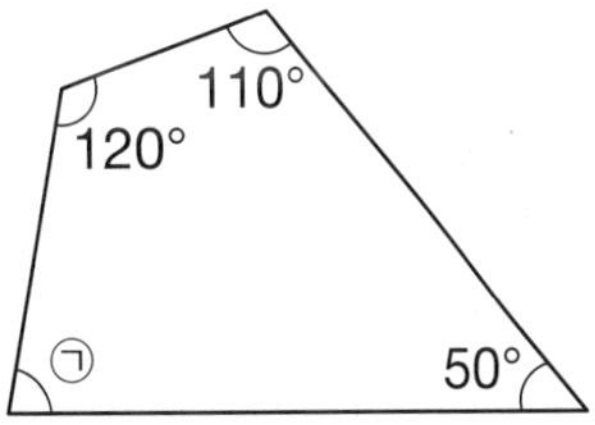

㉠= ☐

16

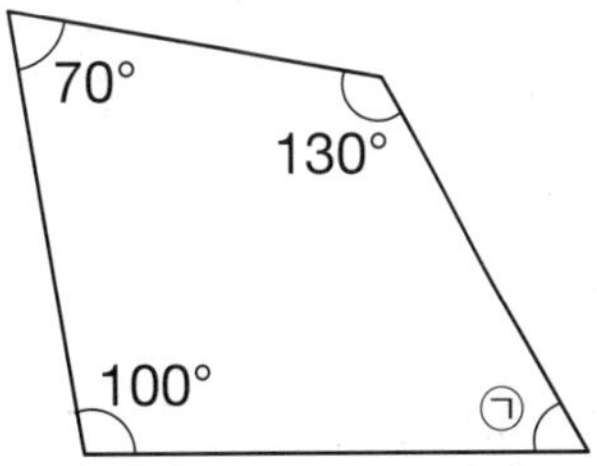

㉠= ☐

08 사각형의 네 각의 크기의 합 복습 B

◆ □ 안에 알맞은 수를 구하세요.

❶
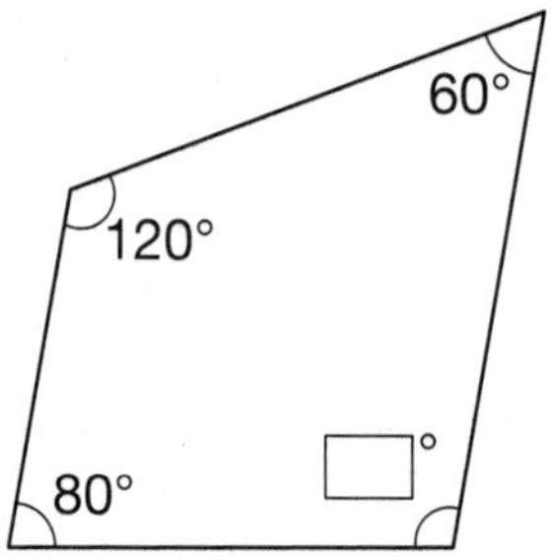

(   )

120°+80°+□°+60°=360°

❷
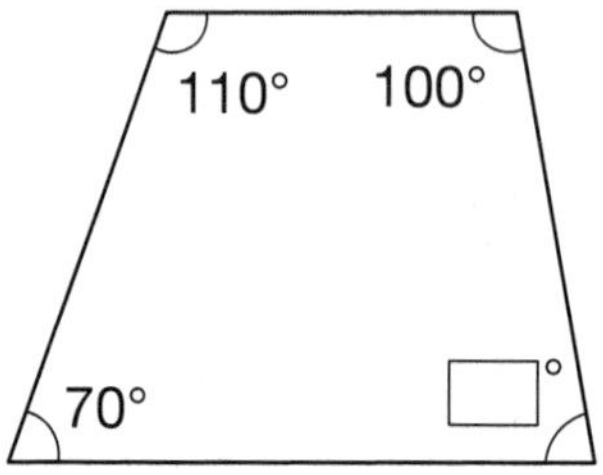

(   )

❸
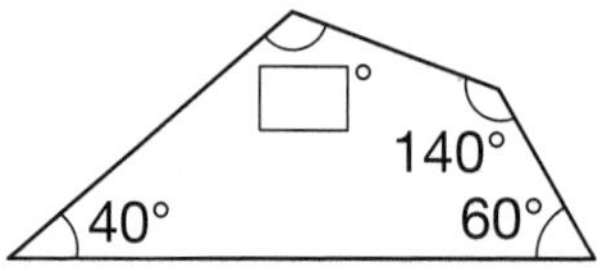

(   )

❹
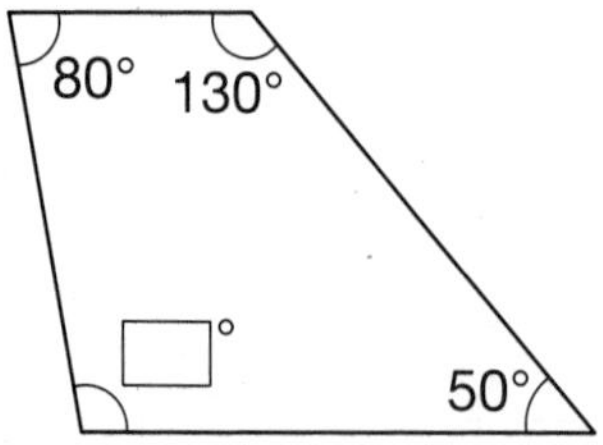

(   )

❺
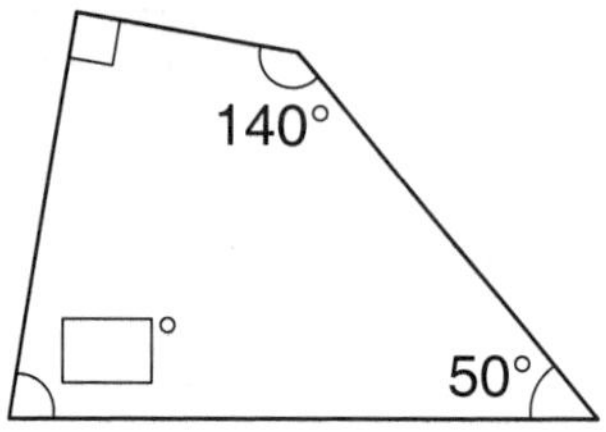

(   )

❻
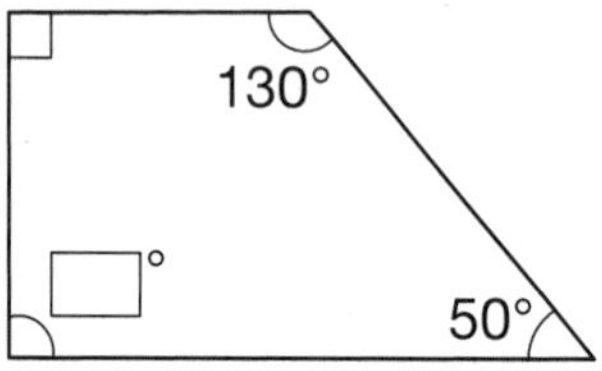

(   )

❼
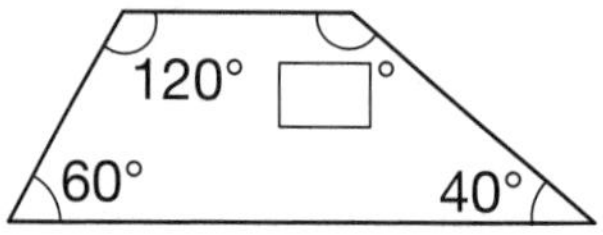

(   )

❽
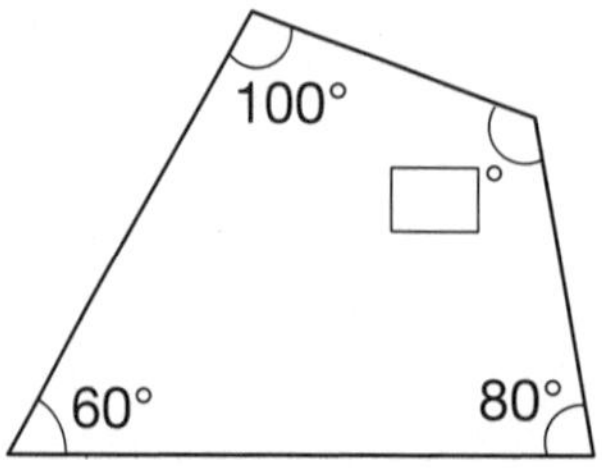

(   )

❾
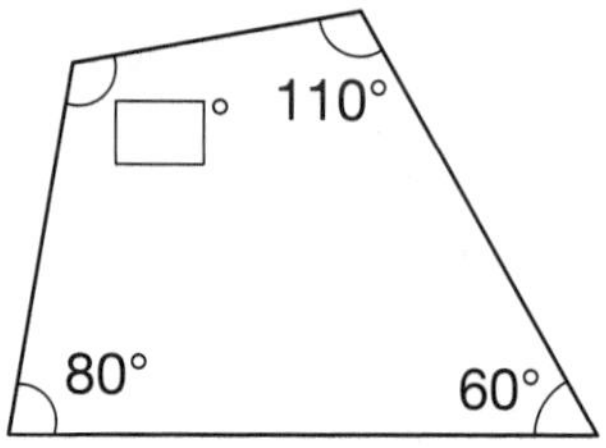

(   )

❿
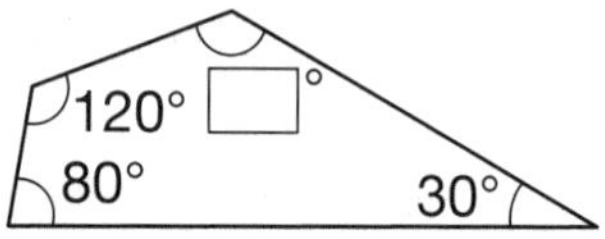

(   )

⓫
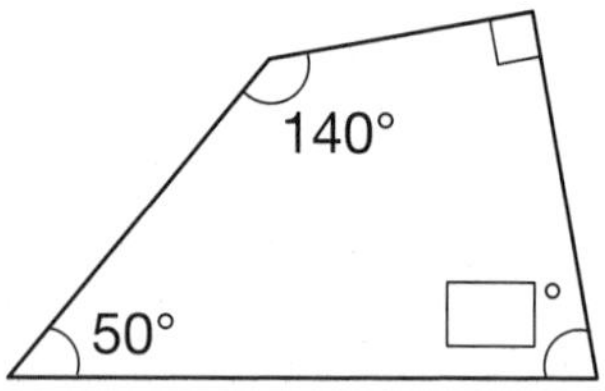

(   )

⓬
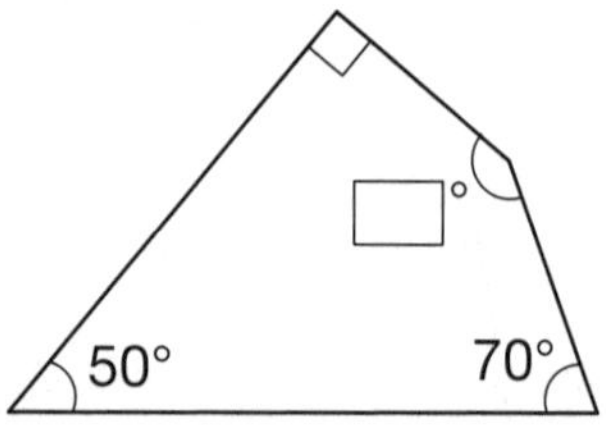

(   )

정답 95쪽

공부한 날짜	맞힌 개수	걸린 시간
월 일	/24	분

◈ □ 안에 알맞은 수를 구하세요.

⑬
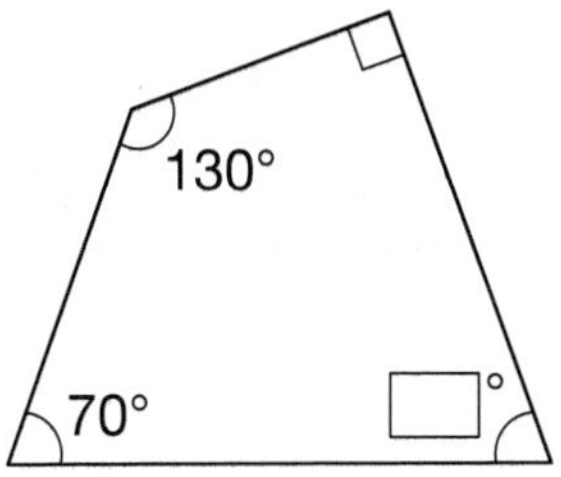

( )

⑭
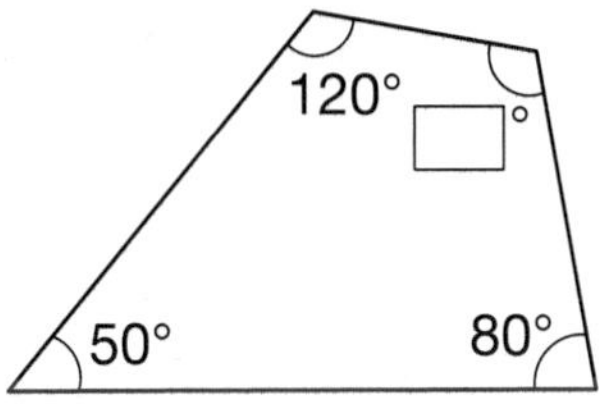

( )

⑮
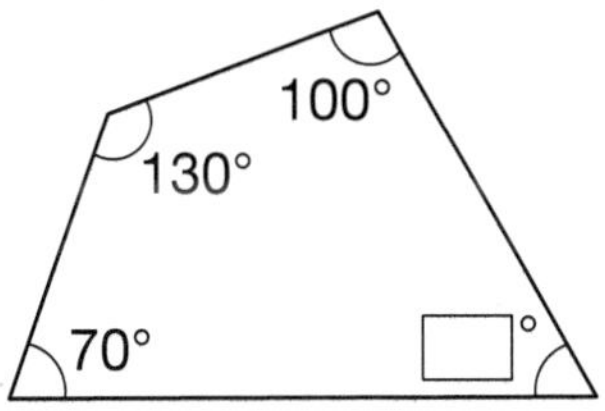

( )

⑯
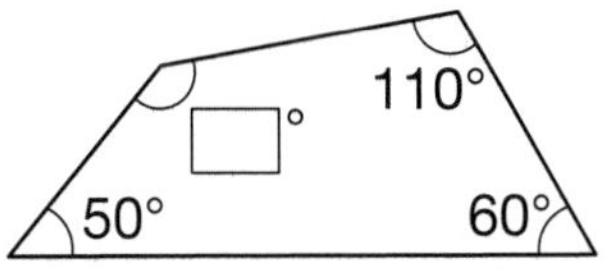

( )

⑰
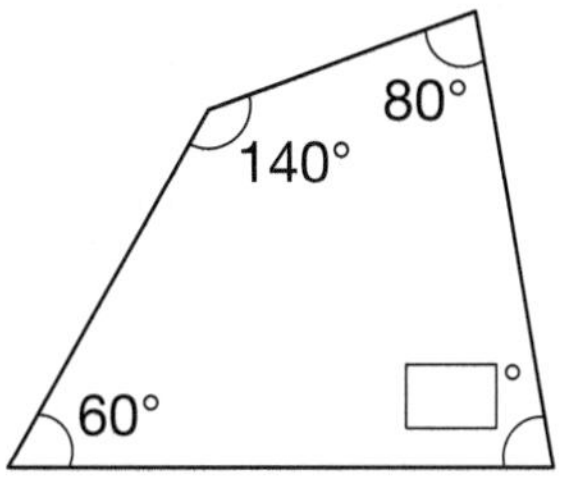

( )

⑱
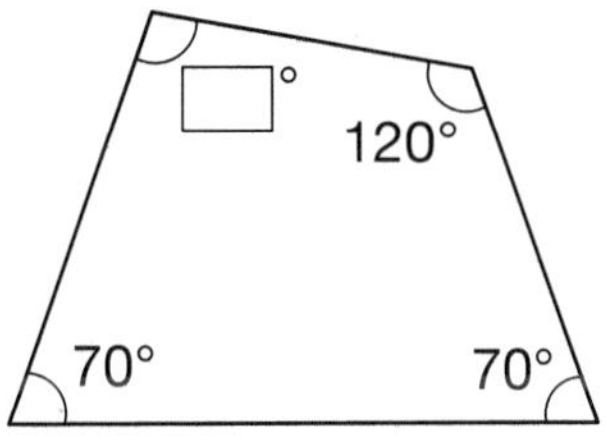

( )

⑲
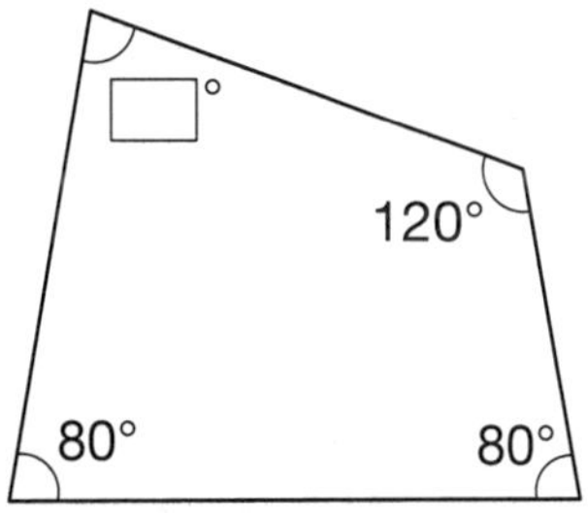

( )

⑳
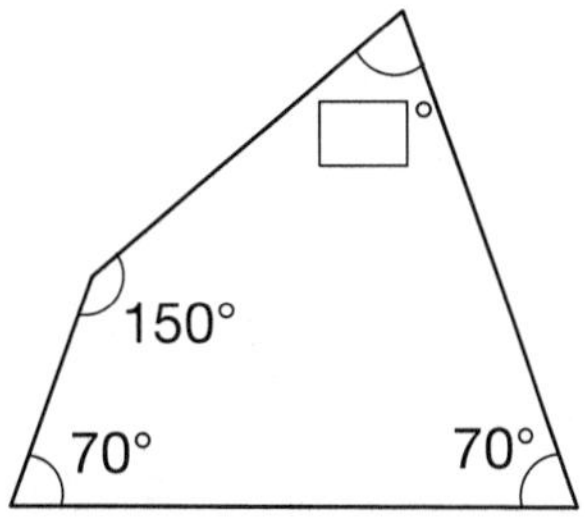

( )

㉑
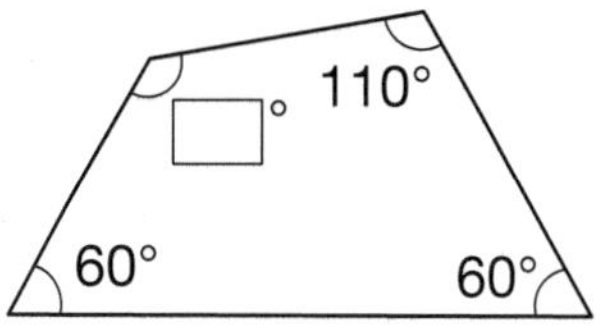

( )

㉒
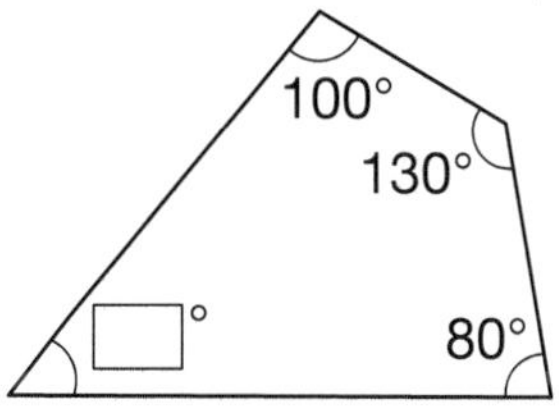

( )

㉓
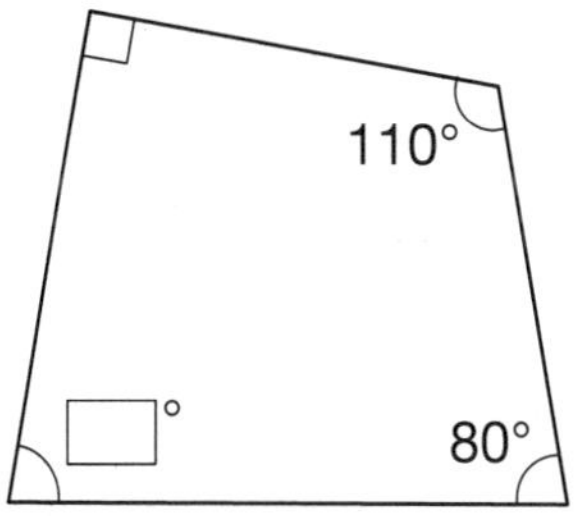

( )

㉔
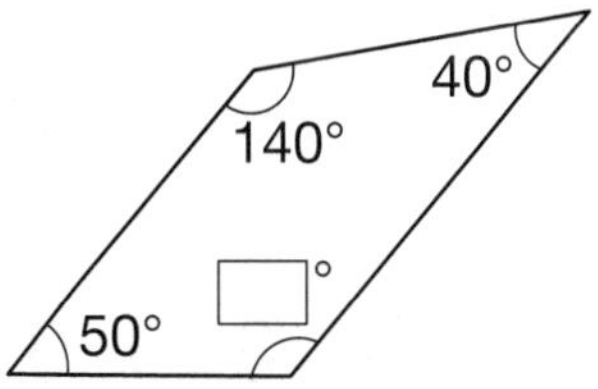

( )

01 (몇백)×(몇십)

복습 A

빈칸에 알맞은 수를 써넣으세요.

❶

		7	0	0
	×		4	0

① 일의 자리, 십의 자리, 백의 자리에 0을 내려 써요.
② 7 × 4를 계산해요.

❷

		7	0	0
	×		9	0

❸

		3	0	0
	×		8	0

❹

		6	0	0
	×		8	0

❺

		3	0	0
	×		4	0

❻

		9	0	0
	×		9	0

❼

		4	0	0
	×		6	0

❽

		8	0	0
	×		7	0

❾

		4	0	0
	×		8	0

❿

		5	0	0
	×		9	0

⓫

		7	0	0
	×		2	0

⓬

		2	0	0
	×		3	0

⓭

		9	0	0
	×		8	0

⓮

		9	0	0
	×		7	0

⓯

		8	0	0
	×		5	0

➲ 정답 96쪽

공부한 날짜	맞힌 개수	걸린 시간
월 일	/30	분

◆ 빈칸에 알맞은 수를 써넣으세요.

⑯ $800 \times 40 = \square$

⑰ $400 \times 50 = \square$

⑱ $600 \times 30 = \square$

⑲ $200 \times 80 = \square$

⑳ $800 \times 80 = \square$

㉑ $200 \times 90 = \square$

㉒ $600 \times 40 = \square$

㉓ $700 \times 50 = \square$

㉔ $900 \times 40 = \square$

㉕ $700 \times 60 = \square$

㉖ $500 \times 50 = \square$

㉗ $500 \times 20 = \square$

㉘ $900 \times 70 = \square$

㉙ $300 \times 30 = \square$

㉚ $800 \times 20 = \square$

02 (몇백)×(몇십)

복습 B

곱셈을 하세요.

❶ 900×40

❷ 300×50

❸ 300×40

❹ 700×40

❺ 600×30

❻ 200×60

❼ 500×80

❽ 700×60

❾ 600×90

❿ 400×70

⓫ 500×50

⓬ 800×20

⓭ 900×70

⓮ 800×80

⓯ 400×50

정답 96쪽

공부한 날짜	맞힌 개수	걸린 시간
월 일	/30	분

곱셈을 하세요.

⑯ $\begin{array}{r} 200 \\ \times \quad 40 \\ \hline \end{array}$

⑰ $\begin{array}{r} 500 \\ \times \quad 60 \\ \hline \end{array}$

⑱ $\begin{array}{r} 200 \\ \times \quad 80 \\ \hline \end{array}$

⑲ $\begin{array}{r} 700 \\ \times \quad 80 \\ \hline \end{array}$

⑳ $\begin{array}{r} 300 \\ \times \quad 80 \\ \hline \end{array}$

㉑ $\begin{array}{r} 800 \\ \times \quad 90 \\ \hline \end{array}$

㉒ $\begin{array}{r} 500 \\ \times \quad 20 \\ \hline \end{array}$

㉓ $\begin{array}{r} 300 \\ \times \quad 20 \\ \hline \end{array}$

㉔ $\begin{array}{r} 400 \\ \times \quad 80 \\ \hline \end{array}$

㉕ $\begin{array}{r} 900 \\ \times \quad 30 \\ \hline \end{array}$

㉖ $\begin{array}{r} 400 \\ \times \quad 60 \\ \hline \end{array}$

㉗ $\begin{array}{r} 600 \\ \times \quad 60 \\ \hline \end{array}$

㉘ $\begin{array}{r} 600 \\ \times \quad 20 \\ \hline \end{array}$

㉙ $\begin{array}{r} 800 \\ \times \quad 40 \\ \hline \end{array}$

㉚ $\begin{array}{r} 900 \\ \times \quad 60 \\ \hline \end{array}$

03 (몇백)×(몇십)

복습 C

□ 안에 알맞은 수를 써넣으세요.

❶ (100배, 10배, 1000배)
$5 \times 5 = 25$ ➡ $500 \times 50 =$ □

❷ (100배, 10배, 1000배)
$2 \times 2 = 4$ ➡ $200 \times 20 =$ □

❸ (100배, 10배, 1000배)
$9 \times 5 = 45$ ➡ $900 \times 50 =$ □

❹ (100배, 10배, 1000배)
$4 \times 6 = 24$ ➡ $400 \times 60 =$ □

❺ (100배, 10배, 1000배)
$7 \times 2 = 14$ ➡ $700 \times 20 =$ □

❻ (100배, 10배, 1000배)
$3 \times 8 = 24$ ➡ $300 \times 80 =$ □

❼ (100배, 10배, 1000배)
$6 \times 3 = 18$ ➡ $600 \times 30 =$ □

❽ (100배, 10배, 1000배)
$8 \times 8 = 64$ ➡ $800 \times 80 =$ □

❾ (100배, 10배, 1000배)
$2 \times 9 = 18$ ➡ $200 \times 90 =$ □

❿ (100배, 10배, 1000배)
$6 \times 4 = 24$ ➡ $600 \times 40 =$ □

정답 96쪽

공부한 날짜	맞힌 개수	걸린 시간
월 일	/31	분

곱셈을 하세요.

⑪ 600×50

⑫ 700×70

⑬ 300×40

⑭ 900×60

⑮ 400×50

⑯ 500×40

⑰ 300×50

⑱ 200×50

⑲ 400×30

⑳ 900×80

㉑ 700×50

㉒ 500×30

㉓ 300×20

㉔ 600×60

㉕ 800×40

㉖ 600×70

㉗ 500×70

㉘ 200×40

㉙ 400×70

㉚ 900×30

㉛ 200×70

04 (세 자리 수)×(몇십)

복습 A

빈칸에 알맞은 수를 써넣으세요.

❶

		5	3	8
	×		7	0

① 일의 자리에 0을 내려 써요.
② 538 × 7을 계산해요.

❷

		9	1	5
	×		5	0

❸

		6	3	1
	×		3	0

❹

		1	5	1
	×		7	0

❺

		7	4	3
	×		6	0

❻

		8	6	8
	×		6	0

❼

		4	2	4
	×		8	0

❽

		2	6	4
	×		4	0

❾

		6	7	5
	×		7	0

❿

		8	2	4
	×		2	0

⓫

		3	0	9
	×		2	0

⓬

		7	3	3
	×		7	0

⓭

		2	7	4
	×		3	0

⓮

		9	3	7
	×		7	0

⓯

		5	3	7
	×		5	0

정답 96쪽

공부한 날짜	맞힌 개수	걸린 시간
월 일	/30	분

빈칸에 알맞은 수를 써넣으세요.

⑯

		7	0	9
	×		4	0

⑰

		8	8	9
	×		6	0

⑱

		2	3	9
	×		7	0

⑲

		6	1	7
	×		7	0

⑳

		9	6	9
	×		8	0

㉑

		3	5	4
	×		5	0

㉒

		5	6	1
	×		8	0

㉓

		9	5	9
	×		9	0

㉔

		7	1	9
	×		3	0

㉕

		4	0	3
	×		8	0

㉖

		1	7	3
	×		9	0

㉗

		6	8	5
	×		6	0

㉘

		3	0	1
	×		4	0

㉙

		8	4	5
	×		2	0

㉚

		5	8	2
	×		9	0

05 (세 자리 수)×(몇십) 복습 B

곱셈을 하세요.

❶ 559×70

❷ 127×40

❸ 766×20

❹ 275×50

❺ 505×40

❻ 467×20

❼ 798×30

❽ 332×30

❾ 993×30

❿ 572×90

⓫ 217×50

⓬ 653×50

⓭ 834×90

⓮ 447×40

⓯ 674×50

정답 97쪽

공부한 날짜	맞힌 개수	걸린 시간
월 일	/30	분

곱셈을 하세요.

⑯ $\begin{array}{r} 263 \\ \times \quad 20 \\ \hline \end{array}$

⑰ $\begin{array}{r} 414 \\ \times \quad 90 \\ \hline \end{array}$

⑱ $\begin{array}{r} 322 \\ \times \quad 40 \\ \hline \end{array}$

⑲ $\begin{array}{r} 721 \\ \times \quad 50 \\ \hline \end{array}$

⑳ $\begin{array}{r} 241 \\ \times \quad 80 \\ \hline \end{array}$

㉑ $\begin{array}{r} 958 \\ \times \quad 70 \\ \hline \end{array}$

㉒ $\begin{array}{r} 504 \\ \times \quad 20 \\ \hline \end{array}$

㉓ $\begin{array}{r} 162 \\ \times \quad 80 \\ \hline \end{array}$

㉔ $\begin{array}{r} 344 \\ \times \quad 60 \\ \hline \end{array}$

㉕ $\begin{array}{r} 606 \\ \times \quad 60 \\ \hline \end{array}$

㉖ $\begin{array}{r} 399 \\ \times \quad 30 \\ \hline \end{array}$

㉗ $\begin{array}{r} 664 \\ \times \quad 60 \\ \hline \end{array}$

㉘ $\begin{array}{r} 857 \\ \times \quad 50 \\ \hline \end{array}$

㉙ $\begin{array}{r} 551 \\ \times \quad 90 \\ \hline \end{array}$

㉚ $\begin{array}{r} 413 \\ \times \quad 70 \\ \hline \end{array}$

06 (세 자리 수)×(몇십) 복습 C

□ 안에 알맞은 수를 써넣으세요.

❶ 867×4=3468 ➡ 867×40=□ (10배, 10배)

❷ 297×7=2079 ➡ 297×70=□ (10배, 10배)

❸ 311×3=933 ➡ 311×30=□ (10배, 10배)

❹ 823×8=6584 ➡ 823×80=□ (10배, 10배)

❺ 788×4=3152 ➡ 788×40=□ (10배, 10배)

❻ 548×6=3288 ➡ 548×60=□ (10배, 10배)

❼ 492×7=3444 ➡ 492×70=□ (10배, 10배)

❽ 697×9=6273 ➡ 697×90=□ (10배, 10배)

❾ 312×5=1560 ➡ 312×50=□ (10배, 10배)

❿ 926×6=5556 ➡ 926×60=□ (10배, 10배)

정답 97쪽

공부한 날짜	맞힌 개수	걸린 시간
월 일	/31	분

곱셈을 하세요.

⑪ 219×90

⑱ 881×80

㉕ 571×70

⑫ 569×60

⑲ 696×70

㉖ 376×70

⑬ 701×60

⑳ 994×50

㉗ 458×50

⑭ 445×80

㉑ 744×80

㉘ 629×20

⑮ 948×80

㉒ 334×70

㉙ 878×50

⑯ 628×80

㉓ 825×40

㉚ 229×80

⑰ 321×20

㉔ 206×40

㉛ 549×80

07 (세 자리 수)×(두 자리 수) 복습 A

곱셈을 하세요.

❶
$$\begin{array}{r} 799 \\ \times \quad 53 \\ \hline \end{array}$$

❷
$$\begin{array}{r} 446 \\ \times \quad 23 \\ \hline \end{array}$$

❸
$$\begin{array}{r} 935 \\ \times \quad 69 \\ \hline \end{array}$$

❹
$$\begin{array}{r} 217 \\ \times \quad 53 \\ \hline \end{array}$$

❺
$$\begin{array}{r} 561 \\ \times \quad 83 \\ \hline \end{array}$$

❻
$$\begin{array}{r} 333 \\ \times \quad 54 \\ \hline \end{array}$$

❼
$$\begin{array}{r} 802 \\ \times \quad 81 \\ \hline \end{array}$$

❽
$$\begin{array}{r} 321 \\ \times \quad 22 \\ \hline \end{array}$$

❾
$$\begin{array}{r} 571 \\ \times \quad 73 \\ \hline \end{array}$$

❿
$$\begin{array}{r} 173 \\ \times \quad 92 \\ \hline \end{array}$$

⓫
$$\begin{array}{r} 639 \\ \times \quad 97 \\ \hline \end{array}$$

⓬
$$\begin{array}{r} 274 \\ \times \quad 39 \\ \hline \end{array}$$

⓭
$$\begin{array}{r} 755 \\ \times \quad 98 \\ \hline \end{array}$$

⓮
$$\begin{array}{r} 413 \\ \times \quad 79 \\ \hline \end{array}$$

⓯
$$\begin{array}{r} 881 \\ \times \quad 89 \\ \hline \end{array}$$

정답 97쪽

공부한 날짜	맞힌 개수	걸린 시간
월 일	/30	분

곱셈을 하세요.

16. 787 × 21

17. 846 × 45

18. 297 × 73

19. 721 × 44

20. 492 × 78

21. 516 × 58

22. 456 × 93

23. 696 × 74

24. 149 × 68

25. 537 × 59

26. 982 × 26

27. 675 × 73

28. 309 × 21

29. 892 × 91

30. 312 × 53

08 (세 자리 수)×(두 자리 수) 복습 B

곱셈을 하세요.

❶ 618×96

❷ 926×71

❸ 766×29

❹ 538×71

❺ 835×34

❻ 481×67

❼ 296×52

❽ 365×66

❾ 653×51

❿ 354×55

⓫ 733×76

⓬ 105×24

⓭ 803×22

⓮ 239×75

⓯ 993×37

정답 97쪽

공부한 날짜	맞힌 개수	걸린 시간
월 일	/30	분

곱셈을 하세요.

⑯ 744×87

㉑ 972×36

㉖ 128×67

⑰ 642×49

㉒ 206×42

㉗ 879×78

⑱ 231×55

㉓ 836×55

㉘ 526×48

⑲ 971×95

㉔ 388×29

㉙ 674×52

⑳ 377×98

㉕ 743×66

㉚ 447×44

09 (세 자리 수)×(두 자리 수) 복습 C

□ 안에 알맞은 수를 써넣으세요.

❶
$607 \times 5 = \square$
$607 \times 80 = \square$
$607 \times 85 = \square$

85를 일의 자리와 십의 자리로 나누어 607과 곱한 후 모두 더해요.

❷
$834 \times 3 = \square$
$834 \times 90 = \square$
$834 \times 93 = \square$

❸
$151 \times 9 = \square$
$151 \times 70 = \square$
$151 \times 79 = \square$

❹
$414 \times 1 = \square$
$414 \times 90 = \square$
$414 \times 91 = \square$

❺
$402 \times 8 = \square$
$402 \times 60 = \square$
$402 \times 68 = \square$

❻
$594 \times 6 = \square$
$594 \times 30 = \square$
$594 \times 36 = \square$

❼
$332 \times 3 = \square$
$332 \times 30 = \square$
$332 \times 33 = \square$

❽
$994 \times 8 = \square$
$994 \times 50 = \square$
$994 \times 58 = \square$

❾
$285 \times 1 = \square$
$285 \times 40 = \square$
$285 \times 41 = \square$

❿
$505 \times 7 = \square$
$505 \times 40 = \square$
$505 \times 47 = \square$

⓫
$116 \times 5 = \square$
$116 \times 30 = \square$
$116 \times 35 = \square$

⓬
$551 \times 8 = \square$
$551 \times 90 = \square$
$551 \times 98 = \square$

⓭
$663 \times 1 = \square$
$663 \times 40 = \square$
$663 \times 41 = \square$

⓮
$709 \times 3 = \square$
$709 \times 40 = \square$
$709 \times 43 = \square$

⓯
$712 \times 5 = \square$
$712 \times 70 = \square$
$712 \times 75 = \square$

정답 98쪽

공부한 날짜	맞힌 개수	걸린 시간
월 일	/36	분

곱셈을 하세요.

⑯ 891 × 79

⑰ 629 × 27

⑱ 334 × 75

⑲ 242 × 27

⑳ 569 × 62

㉑ 458 × 55

㉒ 141 × 89

㉓ 468 × 45

㉔ 937 × 72

㉕ 573 × 35

㉖ 549 × 82

㉗ 355 × 76

㉘ 686 × 84

㉙ 548 × 61

㉚ 719 × 33

㉛ 286 × 62

㉜ 457 × 34

㉝ 162 × 81

㉞ 917 × 82

㉟ 228 × 64

㊱ 478 × 35

01 (몇백몇십)÷(몇십)

복습 A

나눗셈을 하세요.

❶ $50\overline{)100}$

50과의 곱이 100이 되는 경우를 찾아요.

❷ $70\overline{)630}$

❸ $60\overline{)240}$

❹ $30\overline{)150}$

❺ $50\overline{)150}$

❻ $80\overline{)240}$

❼ $20\overline{)180}$

❽ $90\overline{)180}$

❾ $80\overline{)560}$

❿ $70\overline{)490}$

⓫ $50\overline{)400}$

⓬ $40\overline{)360}$

⓭ $30\overline{)240}$

⓮ $90\overline{)810}$

⓯ $40\overline{)240}$

정답 99쪽

공부한 날짜	맞힌 개수	걸린 시간
월 일	/30	분

나눗셈을 하세요.

⑯ $60\overline{)540}$

㉑ $80\overline{)160}$

㉖ $50\overline{)250}$

⑰ $80\overline{)400}$

㉒ $30\overline{)270}$

㉗ $90\overline{)630}$

⑱ $40\overline{)280}$

㉓ $90\overline{)360}$

㉘ $70\overline{)140}$

⑲ $70\overline{)280}$

㉔ $40\overline{)160}$

㉙ $60\overline{)120}$

⑳ $50\overline{)300}$

㉕ $80\overline{)720}$

㉚ $60\overline{)360}$

02 (몇백몇십)÷(몇십) 복습 B

나눗셈을 하세요.

❶ $40\overline{)330}$

40과의 곱이 330보다 크지 않으면서 가장 가까운 곱을 찾아요.

❷ $20\overline{)120}$

❸ $90\overline{)400}$

❹ $30\overline{)150}$

❺ $90\overline{)250}$

❻ $90\overline{)480}$

❼ $70\overline{)350}$

❽ $60\overline{)270}$

❾ $40\overline{)120}$

❿ $80\overline{)460}$

⓫ $50\overline{)400}$

⓬ $40\overline{)160}$

⓭ $30\overline{)230}$

⓮ $60\overline{)540}$

⓯ $70\overline{)680}$

⓰ $50\overline{)250}$

⓱ $80\overline{)570}$

⓲ $30\overline{)270}$

정답 99쪽

공부한 날짜	맞힌 개수	걸린 시간
월 일	/36	분

나눗셈을 하세요.

⑲ $90\overline{)540}$

⑳ $30\overline{)190}$

㉑ $70\overline{)490}$

㉒ $40\overline{)260}$

㉓ $40\overline{)360}$

㉔ $50\overline{)320}$

㉕ $60\overline{)140}$

㉖ $70\overline{)140}$

㉗ $40\overline{)190}$

㉘ $90\overline{)630}$

㉙ $80\overline{)760}$

㉚ $80\overline{)660}$

㉛ $50\overline{)300}$

㉜ $60\overline{)380}$

㉝ $80\overline{)160}$

㉞ $50\overline{)180}$

㉟ $30\overline{)240}$

㊱ $20\overline{)190}$

03 (몇백몇십)÷(몇십)

복습 C

◆ □ 안에 알맞은 수를 써넣으세요.

❶ 160 ÷ 40 = □

➡ 40 × □ = 160

❷ 400 ÷ 60 = □ ··· □

➡ 60 × □ + □ = 400

400 ÷ 60 = 6 ··· 40

60 × 6 = 360 → 360 + 40 = 400

❸ 160 ÷ 20 = □

➡ 20 × □ = 160

❹ 650 ÷ 90 = □ ··· □

➡ 90 × □ + □ = 650

❺ 180 ÷ 20 = □

➡ 20 × □ = 180

❻ 200 ÷ 30 = □ ··· □

➡ 30 × □ + □ = 200

❼ 190 ÷ 70 = □ ··· □

➡ 70 × □ + □ = 190

❽ 270 ÷ 30 = □

➡ 30 × □ = 270

❾ 130 ÷ 50 = □ ··· □

➡ 50 × □ + □ = 130

❿ 200 ÷ 40 = □

➡ 40 × □ = 200

⓫ 210 ÷ 50 = □ ··· □

➡ 50 × □ + □ = 210

⓬ 720 ÷ 80 = □

➡ 80 × □ = 720

정답 99쪽

공부한 날짜	맞힌 개수	걸린 시간
월 일	/33	분

나눗셈을 하세요.

⑬ $510 \div 70$

⑳ $460 \div 90$

㉗ $360 \div 40$

⑭ $500 \div 80$

㉑ $300 \div 50$

㉘ $840 \div 90$

⑮ $490 \div 70$

㉒ $280 \div 60$

㉙ $180 \div 90$

⑯ $470 \div 60$

㉓ $280 \div 40$

㉚ $410 \div 70$

⑰ $450 \div 50$

㉔ $170 \div 80$

㉛ $560 \div 80$

⑱ $170 \div 20$

㉕ $260 \div 30$

㉜ $260 \div 30$

⑲ $360 \div 90$

㉖ $440 \div 50$

㉝ $280 \div 70$

04 (세 자리 수)÷(몇십) 복습 A

◈ 나눗셈을 하세요.

1. $50\overline{)321}$

50과의 곱이 321보다 크지 않으면서 가장 가까운 곱을 찾아요.

2. $20\overline{)177}$

3. $30\overline{)169}$

4. $60\overline{)270}$

5. $40\overline{)271}$

6. $80\overline{)343}$

7. $40\overline{)173}$

8. $60\overline{)400}$

9. $20\overline{)108}$

10. $90\overline{)658}$

11. $30\overline{)136}$

12. $70\overline{)245}$

13. $50\overline{)204}$

14. $90\overline{)309}$

15. $70\overline{)514}$

정답 99쪽

공부한 날짜	맞힌 개수	걸린 시간
월 일	/30	분

나눗셈을 하세요.

⑯ $30\overline{)206}$

⑰ $80\overline{)491}$

⑱ $70\overline{)432}$

⑲ $20\overline{)132}$

⑳ $40\overline{)284}$

㉑ $50\overline{)261}$

㉒ $20\overline{)137}$

㉓ $40\overline{)334}$

㉔ $80\overline{)607}$

㉕ $60\overline{)555}$

㉖ $90\overline{)209}$

㉗ $60\overline{)198}$

㉘ $30\overline{)222}$

㉙ $70\overline{)589}$

㉚ $50\overline{)438}$

05 (세 자리 수)÷(몇십) 복습 B

나눗셈을 하세요.

1. $40\overline{)882}$

7. $30\overline{)693}$

13. $20\overline{)945}$

2. $30\overline{)978}$

8. $20\overline{)442}$

14. $20\overline{)679}$

3. $20\overline{)661}$

9. $40\overline{)962}$

15. $30\overline{)854}$

4. $20\overline{)705}$

10. $30\overline{)790}$

16. $20\overline{)901}$

5. $20\overline{)508}$

11. $30\overline{)906}$

17. $20\overline{)748}$

6. $30\overline{)541}$

12. $70\overline{)885}$

18. $50\overline{)602}$

정답 100쪽

공부한 날짜	맞힌 개수	걸린 시간
월 일	/36	분

나눗셈을 하세요.

⑲ $30\overline{)937}$

⑳ $30\overline{)991}$

㉑ $40\overline{)924}$

㉒ $30\overline{)931}$

㉓ $20\overline{)899}$

㉔ $80\overline{)902}$

㉕ $20\overline{)923}$

㉖ $30\overline{)821}$

㉗ $20\overline{)596}$

㉘ $30\overline{)726}$

㉙ $30\overline{)757}$

㉚ $20\overline{)476}$

㉛ $30\overline{)902}$

㉜ $20\overline{)485}$

㉝ $30\overline{)789}$

㉞ $40\overline{)841}$

㉟ $20\overline{)771}$

㊱ $30\overline{)615}$

06 (세 자리 수)÷(몇십)

복습 C

◆ □ 안에 알맞은 수를 써넣으세요.

❶ 295 ÷ 50 = □ ··· □
➡ 50 × □ + □ = 295

295 ÷ 50 = 5 ··· 45
50 × 5 = 250 → 250 + 45 = 295

❷ 189 ÷ 40 = □ ··· □
➡ 40 × □ + □ = 189

❸ 392 ÷ 80 = □ ··· □
➡ 80 × □ + □ = 392

❹ 305 ÷ 90 = □ ··· □
➡ 90 × □ + □ = 305

❺ 104 ÷ 20 = □ ··· □
➡ 20 × □ + □ = 104

❻ 498 ÷ 90 = □ ··· □
➡ 90 × □ + □ = 498

❼ 134 ÷ 30 = □ ··· □
➡ 30 × □ + □ = 134

❽ 742 ÷ 80 = □ ··· □
➡ 80 × □ + □ = 742

❾ 276 ÷ 60 = □ ··· □
➡ 60 × □ + □ = 276

❿ 151 ÷ 70 = □ ··· □
➡ 70 × □ + □ = 151

⓫ 531 ÷ 70 = □ ··· □
➡ 70 × □ + □ = 531

⓬ 466 ÷ 50 = □ ··· □
➡ 50 × □ + □ = 466

정답 100쪽

공부한 날짜	맞힌 개수	걸린 시간
월 일	/33	분

나눗셈을 하세요.

⑬ $133 \div 40$

⑳ $456 \div 70$

㉗ $153 \div 20$

⑭ $349 \div 50$

㉑ $341 \div 60$

㉘ $482 \div 60$

⑮ $179 \div 20$

㉒ $304 \div 80$

㉙ $285 \div 30$

⑯ $658 \div 80$

㉓ $211 \div 90$

㉚ $469 \div 50$

⑰ $683 \div 70$

㉔ $187 \div 20$

㉛ $595 \div 90$

⑱ $172 \div 30$

㉕ $231 \div 70$

㉜ $286 \div 40$

⑲ $692 \div 90$

㉖ $186 \div 40$

㉝ $402 \div 80$

07 몫이 한 자리 수인 (두 자리 수)÷(두 자리 수) 복습 A

나눗셈을 하세요.

1. $31\overline{)93}$

31과의 곱이 93이 되는 경우를 찾아요.

2. $43\overline{)86}$

3. $11\overline{)99}$

4. $28\overline{)84}$

5. $22\overline{)44}$

6. $29\overline{)58}$

7. $24\overline{)96}$

8. $36\overline{)72}$

9. $13\overline{)65}$

10. $19\overline{)76}$

11. $34\overline{)68}$

12. $14\overline{)70}$

13. $21\overline{)63}$

14. $47\overline{)94}$

15. $23\overline{)92}$

정답 100쪽

공부한 날짜	맞힌 개수	걸린 시간
월 일	/30	분

나눗셈을 하세요.

⑯ $16\overline{)32}$

⑰ $38\overline{)76}$

⑱ $21\overline{)42}$

⑲ $41\overline{)82}$

⑳ $24\overline{)48}$

㉑ $45\overline{)90}$

㉒ $27\overline{)54}$

㉓ $32\overline{)64}$

㉔ $21\overline{)84}$

㉕ $22\overline{)88}$

㉖ $31\overline{)62}$

㉗ $26\overline{)52}$

㉘ $19\overline{)57}$

㉙ $49\overline{)98}$

㉚ $27\overline{)81}$

08 몫이 한 자리 수인 (두 자리 수)÷(두 자리 수) 복습 B

나눗셈을 하세요.

1. $21\overline{)88}$

2. $49\overline{)99}$

3. $34\overline{)91}$

4. $32\overline{)88}$

5. $23\overline{)75}$

6. $16\overline{)94}$

7. $34\overline{)86}$

8. $25\overline{)67}$

9. $17\overline{)71}$

10. $45\overline{)95}$

11. $43\overline{)98}$

12. $55\overline{)83}$

13. $16\overline{)82}$

14. $22\overline{)56}$

15. $43\overline{)93}$

16. $23\overline{)79}$

17. $32\overline{)99}$

18. $46\overline{)65}$

↻ 정답 100쪽

공부한 날짜	맞힌 개수	걸린 시간
월 일	/36	분

◈ 나눗셈을 하세요.

⑲ $42\overline{)89}$

⑳ $37\overline{)83}$

㉑ $46\overline{)97}$

㉒ $28\overline{)98}$

㉓ $22\overline{)99}$

㉔ $22\overline{)52}$

㉕ $22\overline{)79}$

㉖ $49\overline{)99}$

㉗ $24\overline{)78}$

㉘ $44\overline{)92}$

㉙ $37\overline{)86}$

㉚ $43\overline{)95}$

㉛ $45\overline{)98}$

㉜ $13\overline{)97}$

㉝ $44\overline{)98}$

㉞ $39\overline{)98}$

㉟ $14\overline{)86}$

㊱ $16\overline{)98}$

09 몫이 한 자리 수인 (두 자리 수)÷(두 자리 수) 복습 C

◆ □ 안에 알맞은 수를 써넣으세요.

❶ 71 ÷ 22 = □ ··· □
➡ 22 × □ + □ = 71

71 ÷ 22 = 3 ··· 5
22 × 3 = 66 → 66 + 5 = 71

❷ 97 ÷ 43 = □ ··· □
➡ 43 × □ + □ = 97

❸ 87 ÷ 40 = □ ··· □
➡ 40 × □ + □ = 87

❹ 97 ÷ 32 = □ ··· □
➡ 32 × □ + □ = 97

❺ 88 ÷ 34 = □ ··· □
➡ 34 × □ + □ = 88

❻ 59 ÷ 19 = □ ··· □
➡ 19 × □ + □ = 59

❼ 57 ÷ 27 = □ ··· □
➡ 27 × □ + □ = 57

❽ 89 ÷ 14 = □ ··· □
➡ 14 × □ + □ = 89

❾ 47 ÷ 22 = □ ··· □
➡ 22 × □ + □ = 47

❿ 98 ÷ 46 = □ ··· □
➡ 46 × □ + □ = 98

⓫ 78 ÷ 23 = □ ··· □
➡ 23 × □ + □ = 78

⓬ 99 ÷ 24 = □ ··· □
➡ 24 × □ + □ = 99

정답 101쪽

공부한 날짜	맞힌 개수	걸린 시간
월 일	/33	분

나눗셈을 하세요.

⑬ 86 ÷ 32

⑳ 92 ÷ 32

㉗ 96 ÷ 43

⑭ 93 ÷ 46

㉑ 74 ÷ 26

㉘ 86 ÷ 42

⑮ 95 ÷ 42

㉒ 98 ÷ 23

㉙ 99 ÷ 47

⑯ 74 ÷ 14

㉓ 89 ÷ 40

㉚ 65 ÷ 21

⑰ 97 ÷ 44

㉔ 50 ÷ 23

㉛ 84 ÷ 34

⑱ 72 ÷ 33

㉕ 94 ÷ 38

㉜ 90 ÷ 48

⑲ 93 ÷ 45

㉖ 86 ÷ 27

㉝ 99 ÷ 35

10 몫이 한 자리 수인 (세 자리 수) ÷ (두 자리 수) 복습 A

나눗셈을 하세요.

1. 97)291

97과의 곱이 291이 되는 경우를 찾아요.

2. 74)592

3. 87)261

4. 53)159

5. 77)231

6. 64)576

7. 44)396

8. 22)176

9. 33)198

10. 63)189

11. 54)486

12. 32)192

13. 42)252

14. 83)332

15. 94)846

정답 101쪽

공부한 날짜	맞힌 개수	걸린 시간
월 일	/30	분

나눗셈을 하세요.

⑯ $65\overline{)260}$

⑰ $45\overline{)225}$

⑱ $86\overline{)688}$

⑲ $51\overline{)255}$

⑳ $98\overline{)686}$

㉑ $95\overline{)570}$

㉒ $57\overline{)114}$

㉓ $38\overline{)342}$

㉔ $76\overline{)608}$

㉕ $25\overline{)175}$

㉖ $35\overline{)175}$

㉗ $89\overline{)178}$

㉘ $72\overline{)504}$

㉙ $42\overline{)336}$

㉚ $69\overline{)138}$

11 몫이 한 자리 수인 (세 자리 수)÷(두 자리 수) 복습 B

나눗셈을 하세요.

1. $55\overline{)335}$

2. $32\overline{)261}$

3. $65\overline{)395}$

4. $23\overline{)208}$

5. $58\overline{)353}$

6. $37\overline{)288}$

7. $73\overline{)367}$

8. $82\overline{)580}$

9. $41\overline{)166}$

10. $92\overline{)557}$

11. $78\overline{)709}$

12. $55\overline{)392}$

13. $27\overline{)220}$

14. $62\overline{)566}$

15. $81\overline{)245}$

16. $37\overline{)150}$

17. $46\overline{)327}$

18. $82\overline{)505}$

정답 101쪽

공부한 날짜	맞힌 개수	걸린 시간
월 일	/36	분

나눗셈을 하세요.

⑲ $61\overline{)185}$

⑳ $29\overline{)236}$

㉑ $47\overline{)190}$

㉒ $52\overline{)370}$

㉓ $35\overline{)142}$

㉔ $65\overline{)329}$

㉕ $39\overline{)158}$

㉖ $79\overline{)238}$

㉗ $98\overline{)889}$

㉘ $67\overline{)271}$

㉙ $75\overline{)303}$

㉚ $23\overline{)165}$

㉛ $84\overline{)169}$

㉜ $43\overline{)262}$

㉝ $57\overline{)231}$

㉞ $21\overline{)128}$

㉟ $89\overline{)268}$

㊱ $77\overline{)311}$

12 몫이 한 자리 수인 (세 자리 수)÷(두 자리 수) 복습 C

◆ □ 안에 알맞은 수를 써넣으세요.

❶ 391 ÷ 97 = □ ··· □

➡ 97 × □ + □ = 391

391 ÷ 97 = 4 ··· 3

97 × 4 = 388 → 388 + 3 = 391

❷ 103 ÷ 51 = □ ··· □

➡ 51 × □ + □ = 103

❸ 278 ÷ 69 = □ ··· □

➡ 69 × □ + □ = 278

❹ 377 ÷ 62 = □ ··· □

➡ 62 × □ + □ = 377

❺ 112 ÷ 37 = □ ··· □

➡ 37 × □ + □ = 112

❻ 106 ÷ 21 = □ ··· □

➡ 21 × □ + □ = 106

❼ 358 ÷ 89 = □ ··· □

➡ 89 × □ + □ = 358

❽ 521 ÷ 74 = □ ··· □

➡ 74 × □ + □ = 521

❾ 289 ÷ 57 = □ ··· □

➡ 57 × □ + □ = 289

❿ 313 ÷ 44 = □ ··· □

➡ 44 × □ + □ = 313

⓫ 204 ÷ 25 = □ ··· □

➡ 25 × □ + □ = 204

⓬ 106 ÷ 35 = □ ··· □

➡ 35 × □ + □ = 106

정답 101쪽

공부한 날짜	맞힌 개수	걸린 시간
월 일	/33	분

나눗셈을 하세요.

⑬ $439 \div 48$

⑳ $412 \div 58$

㉗ $561 \div 93$

⑭ $327 \div 81$

㉑ $228 \div 32$

㉘ $147 \div 73$

⑮ $398 \div 56$

㉒ $257 \div 85$

㉙ $331 \div 36$

⑯ $661 \div 94$

㉓ $381 \div 63$

㉚ $413 \div 68$

⑰ $142 \div 47$

㉔ $459 \div 91$

㉛ $125 \div 31$

⑱ $149 \div 74$

㉕ $423 \div 52$

㉜ $218 \div 43$

⑲ $152 \div 25$

㉖ $799 \div 88$

㉝ $117 \div 23$

13 몫이 두 자리 수인 (세 자리 수)÷(두 자리 수)① 복습 A

나눗셈을 하세요.

1. 11)858
2. 55)825
3. 11)429
4. 22)484
5. 12)636
6. 41)861
7. 21)903
8. 29)406
9. 13)819
10. 55)605
11. 13)221
12. 15)165
13. 22)726
14. 15)180
15. 17)663

정답 102쪽

공부한 날짜	맞힌 개수	걸린 시간
월 일	/30	분

나눗셈을 하세요.

⑯ $12\overline{)384}$

㉑ $59\overline{)944}$

㉖ $13\overline{)962}$

⑰ $63\overline{)756}$

㉒ $11\overline{)308}$

㉗ $34\overline{)714}$

⑱ $14\overline{)770}$

㉓ $46\overline{)598}$

㉘ $23\overline{)759}$

⑲ $45\overline{)495}$

㉔ $21\overline{)693}$

㉙ $64\overline{)704}$

⑳ $14\overline{)966}$

㉕ $22\overline{)462}$

㉚ $12\overline{)468}$

14 몫이 두 자리 수인 (세 자리 수)÷(두 자리 수)① 복습 B

나눗셈을 하세요.

❶ $58\overline{)943}$

❷ $73\overline{)952}$

❸ $33\overline{)765}$

❹ $15\overline{)271}$

❺ $36\overline{)765}$

❻ $48\overline{)506}$

❼ $79\overline{)870}$

❽ $14\overline{)184}$

❾ $12\overline{)273}$

❿ $48\overline{)585}$

⓫ $12\overline{)158}$

⓬ $61\overline{)995}$

⓭ $31\overline{)655}$

⓮ $59\overline{)650}$

⓯ $27\overline{)464}$

⓰ $15\overline{)235}$

⓱ $35\overline{)500}$

⓲ $52\overline{)784}$

정답 102쪽

공부한 날짜	맞힌 개수	걸린 시간
월 일	/36	분

나눗셈을 하세요.

⑲ $11\overline{)480}$

⑳ $27\overline{)434}$

㉑ $21\overline{)539}$

㉒ $48\overline{)828}$

㉓ $11\overline{)290}$

㉔ $53\overline{)744}$

㉕ $25\overline{)335}$

㉖ $48\overline{)633}$

㉗ $68\overline{)819}$

㉘ $46\overline{)692}$

㉙ $43\overline{)918}$

㉚ $44\overline{)577}$

㉛ $57\overline{)863}$

㉜ $23\overline{)512}$

㉝ $49\overline{)796}$

㉞ $29\overline{)353}$

㉟ $66\overline{)930}$

㊱ $22\overline{)740}$

15 몫이 두 자리 수인 (세 자리 수)÷(두 자리 수)① 복습 C

◆ ☐ 안에 알맞은 수를 써넣으세요.

❶ 840 ÷ 76 = ☐ ··· ☐
➡ 76 × ☐ + ☐ = 840

840 ÷ 76 = 11 ··· 4
76 × 11 = 836 → 836 + 4 = 840

❷ 724 ÷ 48 = ☐ ··· ☐
➡ 48 × ☐ + ☐ = 724

❸ 291 ÷ 17 = ☐ ··· ☐
➡ 17 × ☐ + ☐ = 291

❹ 561 ÷ 21 = ☐ ··· ☐
➡ 21 × ☐ + ☐ = 561

❺ 778 ÷ 64 = ☐ ··· ☐
➡ 64 × ☐ + ☐ = 778

❻ 219 ÷ 15 = ☐ ··· ☐
➡ 15 × ☐ + ☐ = 219

❼ 885 ÷ 23 = ☐ ··· ☐
➡ 23 × ☐ + ☐ = 885

❽ 707 ÷ 18 = ☐ ··· ☐
➡ 18 × ☐ + ☐ = 707

❾ 457 ÷ 12 = ☐ ··· ☐
➡ 12 × ☐ + ☐ = 457

❿ 970 ÷ 11 = ☐ ··· ☐
➡ 11 × ☐ + ☐ = 970

⓫ 650 ÷ 14 = ☐ ··· ☐
➡ 14 × ☐ + ☐ = 650

⓬ 612 ÷ 21 = ☐ ··· ☐
➡ 21 × ☐ + ☐ = 612

정답 102쪽

공부한 날짜	맞힌 개수	걸린 시간
월 일	/33	분

나눗셈을 하세요.

⑬ $525 \div 18$

⑭ $384 \div 14$

⑮ $655 \div 17$

⑯ $200 \div 11$

⑰ $150 \div 11$

⑱ $677 \div 21$

⑲ $299 \div 12$

⑳ $789 \div 23$

㉑ $460 \div 11$

㉒ $940 \div 85$

㉓ $468 \div 16$

㉔ $260 \div 23$

㉕ $831 \div 15$

㉖ $925 \div 44$

㉗ $690 \div 62$

㉘ $934 \div 77$

㉙ $517 \div 21$

㉚ $416 \div 34$

㉛ $799 \div 57$

㉜ $854 \div 65$

㉝ $787 \div 21$

16 몫이 두 자리 수인 (세 자리 수)÷(두 자리 수)② 복습 A

나눗셈을 하세요.

❶ 17)323

❷ 35)805

❸ 14)378

❹ 34)782

❺ 31)341

❻ 57)741

❼ 65)780

❽ 39)819

❾ 47)705

❿ 34)748

⓫ 21)546

⓬ 47)987

⓭ 27)432

⓮ 48)864

⓯ 87)957

정답 102쪽

공부한 날짜	맞힌 개수	걸린 시간
월 일	/30	분

나눗셈을 하세요.

⑯ $21\overline{)672}$

㉑ $49\overline{)882}$

㉖ $39\overline{)858}$

⑰ $23\overline{)851}$

㉒ $16\overline{)256}$

㉗ $27\overline{)594}$

⑱ $49\overline{)784}$

㉓ $37\overline{)814}$

㉘ $13\overline{)377}$

⑲ $25\overline{)550}$

㉔ $69\overline{)897}$

㉙ $42\overline{)882}$

⑳ $14\overline{)938}$

㉕ $44\overline{)924}$

㉚ $47\overline{)564}$

17 몫이 두 자리 수인 (세 자리 수)÷(두 자리 수)② 복습 B

나눗셈을 하세요.

1. $66\overline{)868}$

2. $36\overline{)837}$

3. $13\overline{)170}$

4. $69\overline{)832}$

5. $14\overline{)204}$

6. $33\overline{)608}$

7. $63\overline{)700}$

8. $13\overline{)349}$

9. $35\overline{)533}$

10. $86\overline{)950}$

11. $56\overline{)909}$

12. $18\overline{)424}$

13. $18\overline{)688}$

14. $11\overline{)310}$

15. $11\overline{)130}$

16. $22\overline{)558}$

17. $29\overline{)380}$

18. $25\overline{)365}$

정답 103쪽

공부한 날짜	맞힌 개수	걸린 시간
월 일	/36	분

나눗셈을 하세요.

⑲ $635 \div 52$ (52)635)

⑳ $863 \div 39$ (39)863)

㉑ $900 \div 64$ (64)900)

㉒ $773 \div 59$ (59)773)

㉓ $327 \div 17$ (17)327)

㉔ $585 \div 11$ (11)585)

㉕ $184 \div 12$ (12)184)

㉖ $300 \div 11$ (11)300)

㉗ $635 \div 14$ (14)635)

㉘ $190 \div 11$ (11)190)

㉙ $340 \div 12$ (12)340)

㉚ $372 \div 23$ (23)372)

㉛ $765 \div 63$ (63)765)

㉜ $598 \div 37$ (37)598)

㉝ $630 \div 57$ (57)630)

㉞ $831 \div 39$ (39)831)

㉟ $234 \div 14$ (14)234)

㊱ $745 \div 57$ (57)745)

18 몫이 두 자리 수인 (세 자리 수)÷(두 자리 수)② 복습 C

□ 안에 알맞은 수를 써넣으세요.

❶ 665 ÷ 47 = □ ··· □

➡ 47 × □ + □ = 665

665 ÷ 47 = 14 ··· 7

47 × 14 = 658 → 658 + 7 = 665

❷ 947 ÷ 45 = □ ··· □

➡ 45 × □ + □ = 947

❸ 197 ÷ 12 = □ ··· □

➡ 12 × □ + □ = 197

❹ 796 ÷ 56 = □ ··· □

➡ 56 × □ + □ = 796

❺ 632 ÷ 39 = □ ··· □

➡ 39 × □ + □ = 632

❻ 899 ÷ 69 = □ ··· □

➡ 69 × □ + □ = 899

❼ 810 ÷ 17 = □ ··· □

➡ 17 × □ + □ = 810

❽ 949 ÷ 79 = □ ··· □

➡ 79 × □ + □ = 949

❾ 394 ÷ 15 = □ ··· □

➡ 15 × □ + □ = 394

❿ 793 ÷ 66 = □ ··· □

➡ 66 × □ + □ = 793

⓫ 420 ÷ 11 = □ ··· □

➡ 11 × □ + □ = 420

⓬ 604 ÷ 22 = □ ··· □

➡ 22 × □ + □ = 604

정답 103쪽

공부한 날짜	맞힌 개수	걸린 시간
월 일	/33	분

나눗셈을 하세요.

⑬ $414 \div 14$

⑳ $530 \div 11$

㉗ $699 \div 21$

⑭ $270 \div 11$

㉑ $240 \div 13$

㉘ $846 \div 17$

⑮ $650 \div 22$

㉒ $926 \div 57$

㉙ $740 \div 11$

⑯ $140 \div 11$

㉓ $286 \div 12$

㉚ $598 \div 49$

⑰ $563 \div 13$

㉔ $896 \div 42$

㉛ $254 \div 13$

⑱ $403 \div 33$

㉕ $915 \div 65$

㉜ $369 \div 14$

⑲ $535 \div 22$

㉖ $581 \div 16$

㉝ $921 \div 76$

쌍둥이

최우수상

참 잘했어요!

이름 ______________________

위 어린이는 쌍둥이 연산 노트 4학년 1학기 과정을

스스로 꾸준히 훌륭하게 마쳤습니다.

이에 칭찬하여 이 상장을 드립니다.

년 월 일

정답

초등 7단계

4·1 복습책

6쪽 01 다섯 자리 수 알기 A

① 70000(7만), 칠만
② 90000(9만), 구만
③ 30000(3만), 삼만
④ 50000(5만), 오만
⑤ 10000(1만), 만
⑥ 20000(2만), 이만
⑦ 40000(4만), 사만
⑧ 60000(6만), 육만
⑨ 80000(8만), 팔만
⑩ 90000(9만), 구만

7쪽

⑪ 20000
⑫ 80000
⑬ 70000
⑭ 50000
⑮ 90000
⑯ 80000
⑰ 60000
⑱ 40000
⑲ 60000
⑳ 30000
㉑ 40000
㉒ 10000
㉓ 30000
㉔ 20000
㉕ 50000
㉖ 70000

8쪽 02 천만 단위까지의 수 알기 A

① 2, 5, 8, 6, 0, 0, 0, 0
② 6, 1, 5, 3, 0, 0, 0, 0
③ 8, 9, 3, 2, 0, 0, 0, 0
④ 3, 0, 3, 2, 0, 0, 0, 0
⑤ 7, 3, 7, 5, 0, 0, 0, 0
⑥ 9, 2, 6, 5, 0, 0, 0, 0
⑦ 4, 4, 7, 6, 0, 0, 0, 0
⑧ 1, 8, 2, 9, 0, 0, 0, 0
⑨ 8, 7, 1, 9, 0, 0, 0, 0
⑩ 5, 8, 2, 0, 0, 0, 0, 0

9쪽

⑪ 4143, 4973
⑫ 2364, 5185
⑬ 5587, 8317
⑭ 8043, 4863
⑮ 3921, 2751
⑯ 7597, 9317
⑰ 1142, 3863
⑱ 6931, 3751
⑲ 9014, 8501
⑳ 4327, 9592
㉑ 1550, 3673
㉒ 2737, 1284

10쪽 03 천억 단위까지의 수 알기 A

① 5, 6, 1, 9, 0, 0, 0, 0, 0, 0, 0, 0
② 6, 7, 2, 0, 0, 0, 0, 0, 0, 0, 0, 0
③ 9, 1, 5, 3, 0, 0, 0, 0, 0, 0, 0, 0
④ 2, 2, 6, 4, 0, 0, 0, 0, 0, 0, 0, 0
⑤ 7, 8, 3, 1, 0, 0, 0, 0, 0, 0, 0, 0
⑥ 4, 5, 0, 8, 0, 0, 0, 0, 0, 0, 0, 0

11쪽

⑦ 8942, 8569, 3275
⑧ 8042, 8760, 3275
⑨ 1375, 1693, 6508
⑩ 3597, 3615, 8720
⑪ 4608, 4626, 9831
⑫ 2486, 2604, 7619
⑬ 6820, 6748, 1053
⑭ 9153, 9871, 4386

12쪽 04 천조 단위까지의 수 알기 A

① 8, 9, 4, 2, 0, 0, 0, 0, 0, 0, 0, 0, 0, 0, 0, 0
② 2, 4, 8, 6, 0, 0, 0, 0, 0, 0, 0, 0, 0, 0, 0, 0
③ 4, 6, 0, 8, 0, 0, 0, 0, 0, 0, 0, 0, 0, 0, 0, 0
④ 2, 2, 6, 4, 0, 0, 0, 0, 0, 0, 0, 0, 0, 0, 0, 0
⑤ 1, 3, 7, 5, 0, 0, 0, 0, 0, 0, 0, 0, 0, 0, 0, 0

13쪽

⑥ 6720, 6447, 1053, 3725
⑦ 4508, 4425, 9831, 2503
⑧ 3597, 3615, 8720, 2492
⑨ 7831, 7558, 2164, 3836
⑩ 2386, 2303, 7619, 2381
⑪ 5619, 5436, 942, 2614
⑫ 1275, 1392, 6508, 1270
⑬ 3497, 3414, 8720, 2492

14쪽 05 뛰어 세기 A

1. 2598조, 7598조, 9598조
2. 482만, 486만, 487만
3. 359억, 459억, 759억
4. 4713억, 4714억, 4717억
5. 30억, 33억, 34억
6. 694조, 696조, 697조
7. 3719만, 3729만, 3769만
8. 70조, 73조, 77조

15쪽

9. 956억, 966억, 996억
10. 363조, 364조, 366조
11. 73억, 75억, 76억
12. 39만, 59만, 89만
13. 714만, 734만, 784만
14. 8154조, 8254조, 8754조
15. 6132만, 6232만, 6532만
16. 3487억, 4487억, 5487억

16쪽 06 수의 크기 비교 A

① >	⑨ <
② >	⑩ <
③ >	⑪ <
④ <	⑫ <
⑤ >	⑬ >
⑥ >	⑭ >
⑦ <	⑮ <
⑧ >	⑯ >

17쪽

⑰ >	㉕ >
⑱ <	㉖ >
⑲ >	㉗ >
⑳ >	㉘ <
㉑ >	㉙ >
㉒ <	㉚ <
㉓ <	㉛ >
㉔ <	㉜ >

18쪽 07 수의 크기 비교 B

① >	⑨ >
② >	⑩ >
③ >	⑪ <
④ <	⑫ >
⑤ <	⑬ <
⑥ <	⑭ <
⑦ <	⑮ >
⑧ >	⑯ <

19쪽

⑰ <	㉕ <
⑱ <	㉖ <
⑲ >	㉗ <
⑳ >	㉘ <
㉑ <	㉙ >
㉒ >	㉚ >
㉓ >	㉛ <
㉔ <	㉜ <

20쪽 01 각도의 합 A

❶ 75°	❻ 55°
❷ 90°	❼ 130°
❸ 95°	❽ 75°
❹ 65°	❾ 120°
❺ 120°	❿ 125°

21쪽

⓫ 45°	⓰ 70°
⓬ 105°	⓱ 35°
⓭ 75°	⓲ 80°
⓮ 135°	⓳ 90°
⓯ 80°	⓴ 145°

24쪽 03 각도의 차 A

❶ 5°	❻ 70°
❷ 65°	❼ 55°
❸ 65°	❽ 10°
❹ 45°	❾ 25°
❺ 45°	❿ 20°

25쪽

⓫ 5°	⓰ 15°
⓬ 30°	⓱ 55°
⓭ 5°	⓲ 15°
⓮ 45°	⓳ 55°
⓯ 20°	⓴ 15°

22쪽 02 각도의 합 B

❶ 135°	❽ 80°	⓯ 145°
❷ 125°	❾ 180°	⓰ 105°
❸ 95°	❿ 50°	⓱ 140°
❹ 170°	⓫ 130°	⓲ 130°
❺ 165°	⓬ 125°	⓳ 160°
❻ 115°	⓭ 110°	⓴ 140°
❼ 175°	⓮ 95°	㉑ 150°

23쪽

㉒ 140°	㉙ 70°	㊱ 150°
㉓ 105°	㉚ 160°	㊲ 110°
㉔ 125°	㉛ 120°	㊳ 155°
㉕ 105°	㉜ 180°	㊴ 130°
㉖ 60°	㉝ 135°	㊵ 110°
㉗ 165°	㉞ 40°	㊶ 155°
㉘ 85°	㉟ 80°	㊷ 170°

26쪽 04 각도의 차 B

❶ 35°	❽ 35°	⓯ 20°
❷ 20°	❾ 15°	⓰ 20°
❸ 15°	❿ 20°	⓱ 70°
❹ 40°	⓫ 65°	⓲ 60°
❺ 70°	⓬ 60°	⓳ 5°
❻ 60°	⓭ 25°	⓴ 80°
❼ 75°	⓮ 60°	㉑ 85°

27쪽

㉒ 30°	㉙ 90°	㊱ 20°
㉓ 30°	㉚ 35°	㊲ 15°
㉔ 70°	㉛ 75°	㊳ 80°
㉕ 35°	㉜ 55°	㊴ 70°
㉖ 35°	㉝ 35°	㊵ 35°
㉗ 15°	㉞ 75°	㊶ 80°
㉘ 80°	㉟ 45°	㊷ 55°

28쪽 05 삼각형의 세 각의 크기의 합 A

❶ 90°
❷ 30°
❸ 70°
❹ 40°
❺ 50°
❻ 20°
❼ 70°
❽ 130°

29쪽

❾ 90°
❿ 20°
⓫ 100°
⓬ 50°
⓭ 100°
⓮ 20°
⓯ 120°
⓰ 70°

32쪽 07 사각형의 네 각의 크기의 합 A

❶ 90°
❷ 70°
❸ 100°
❹ 100°
❺ 110°
❻ 90°
❼ 80°
❽ 60°

33쪽

❾ 80°
❿ 120°
⓫ 70°
⓬ 100°
⓭ 140°
⓮ 90°
⓯ 80°
⓰ 60°

30쪽 06 삼각형의 세 각의 크기의 합 B

❶ 100
❷ 20
❸ 80
❹ 20
❺ 80
❻ 40
❼ 30
❽ 50
❾ 30
❿ 140
⓫ 40
⓬ 20

31쪽

⓭ 80
⓮ 20
⓯ 80
⓰ 30
⓱ 10
⓲ 140
⓳ 110
⓴ 10
㉑ 20
㉒ 10
㉓ 90
㉔ 30

34쪽 08 사각형의 네 각의 크기의 합 B

❶ 100
❷ 80
❸ 120
❹ 100
❺ 80
❻ 90
❼ 140
❽ 120
❾ 110
❿ 130
⓫ 80
⓬ 150

35쪽

⓭ 70
⓮ 110
⓯ 60
⓰ 140
⓱ 80
⓲ 100
⓳ 80
⓴ 70
㉑ 130
㉒ 50
㉓ 80
㉔ 130

36쪽 01 (몇백) × (몇십) A

① 28000	⑥ 81000	⑪ 14000
② 63000	⑦ 24000	⑫ 6000
③ 24000	⑧ 56000	⑬ 72000
④ 48000	⑨ 32000	⑭ 63000
⑤ 12000	⑩ 45000	⑮ 40000

37쪽

⑯ 32000	㉑ 18000	㉖ 25000
⑰ 20000	㉒ 24000	㉗ 10000
⑱ 18000	㉓ 35000	㉘ 63000
⑲ 16000	㉔ 36000	㉙ 9000
⑳ 64000	㉕ 42000	㉚ 16000

38쪽 02 (몇백) × (몇십) B

① 36000	⑥ 12000	⑪ 25000
② 15000	⑦ 40000	⑫ 16000
③ 12000	⑧ 42000	⑬ 63000
④ 28000	⑨ 54000	⑭ 64000
⑤ 18000	⑩ 28000	⑮ 20000

39쪽

⑯ 8000	㉑ 72000	㉖ 24000
⑰ 30000	㉒ 10000	㉗ 36000
⑱ 16000	㉓ 6000	㉘ 12000
⑲ 56000	㉔ 32000	㉙ 32000
⑳ 24000	㉕ 27000	㉚ 54000

40쪽 03 (몇백) × (몇십) C

① 25000	⑥ 24000
② 4000	⑦ 18000
③ 45000	⑧ 64000
④ 24000	⑨ 18000
⑤ 14000	⑩ 24000

41쪽

⑪ 30000	⑱ 10000	㉕ 32000
⑫ 49000	⑲ 12000	㉖ 42000
⑬ 12000	⑳ 72000	㉗ 35000
⑭ 54000	㉑ 35000	㉘ 8000
⑮ 20000	㉒ 15000	㉙ 28000
⑯ 20000	㉓ 6000	㉚ 27000
⑰ 15000	㉔ 36000	㉛ 14000

42쪽 04 (세 자리 수) × (몇십) A

① 37660	⑥ 52080	⑪ 6180
② 45750	⑦ 33920	⑫ 51310
③ 18930	⑧ 10560	⑬ 8220
④ 10570	⑨ 47250	⑭ 65590
⑤ 44580	⑩ 16480	⑮ 26850

43쪽

⑯ 28360	㉑ 17700	㉖ 15570
⑰ 53340	㉒ 44880	㉗ 41100
⑱ 16730	㉓ 86310	㉘ 12040
⑲ 43190	㉔ 21570	㉙ 16900
⑳ 77520	㉕ 32240	㉚ 52380

44쪽 05 (세 자리 수) × (몇십) B

① 39130
② 5080
③ 15320
④ 13750
⑤ 20200
⑥ 9340
⑦ 23940
⑧ 9960
⑨ 29790
⑩ 51480
⑪ 10850
⑫ 32650
⑬ 75060
⑭ 17880
⑮ 33700

45쪽

⑯ 5260
⑰ 37260
⑱ 12880
⑲ 36050
⑳ 19280
㉑ 67060
㉒ 10080
㉓ 12960
㉔ 20640
㉕ 36360
㉖ 11970
㉗ 39840
㉘ 42850
㉙ 49590
㉚ 28910

48쪽 07 (세 자리 수) × (두 자리 수) A

① 42347
② 10258
③ 64515
④ 11501
⑤ 46563
⑥ 17982
⑦ 64962
⑧ 7062
⑨ 41683
⑩ 15916
⑪ 61983
⑫ 10686
⑬ 73990
⑭ 32627
⑮ 78409

49쪽

⑯ 16527
⑰ 38070
⑱ 21681
⑲ 31724
⑳ 38376
㉑ 29928
㉒ 42408
㉓ 51504
㉔ 10132
㉕ 31683
㉖ 25532
㉗ 49275
㉘ 6489
㉙ 81172
㉚ 16536

46쪽 06 (세 자리 수) × (몇십) C

① 34680
② 20790
③ 9330
④ 65840
⑤ 31520
⑥ 32880
⑦ 34440
⑧ 62730
⑨ 15600
⑩ 55560

47쪽

⑪ 19710
⑫ 34140
⑬ 42060
⑭ 35600
⑮ 75840
⑯ 50240
⑰ 6420
⑱ 70480
⑲ 48720
⑳ 49700
㉑ 59520
㉒ 23380
㉓ 33000
㉔ 8240
㉕ 39970
㉖ 26320
㉗ 22900
㉘ 12580
㉙ 43900
㉚ 18320
㉛ 43920

50쪽 08 (세 자리 수) × (두 자리 수) B

① 59328
② 65746
③ 22214
④ 38198
⑤ 28390
⑥ 32227
⑦ 15392
⑧ 24090
⑨ 33303
⑩ 19470
⑪ 55708
⑫ 2520
⑬ 17666
⑭ 17925
⑮ 36741

51쪽

⑯ 64728
⑰ 31458
⑱ 12705
⑲ 92245
⑳ 36946
㉑ 34992
㉒ 8652
㉓ 45980
㉔ 11252
㉕ 49038
㉖ 8576
㉗ 68562
㉘ 25248
㉙ 35048
㉚ 19668

52쪽 09 (세 자리 수) × (두 자리 수) C

1. 3035, 48560, 51595
2. 2502, 75060, 77562
3. 1359, 10570, 11929
4. 414, 37260, 37674
5. 3216, 24120, 27336
6. 3564, 17820, 21384
7. 996, 9960, 10956
8. 7952, 49700, 57652
9. 285, 11400, 11685
10. 3535, 20200, 23735
11. 580, 3480, 4060
12. 4408, 49590, 53998
13. 663, 26520, 27183
14. 2127, 28360, 30487
15. 3560, 49840, 53400

53쪽

16. 70389
17. 16983
18. 25050
19. 6534
20. 35278
21. 25190
22. 12549
23. 21060
24. 67464
25. 20055
26. 45018
27. 26980
28. 57624
29. 33428
30. 23727
31. 17732
32. 15538
33. 13122
34. 75194
35. 14592
36. 16730

54쪽 01 (몇백몇십) ÷ (몇십) A

(1) 2	(6) 3	(11) 8
(2) 9	(7) 9	(12) 9
(3) 4	(8) 2	(13) 8
(4) 5	(9) 7	(14) 9
(5) 3	(10) 7	(15) 6

55쪽

(16) 9	(21) 2	(26) 5
(17) 5	(22) 9	(27) 7
(18) 7	(23) 4	(28) 2
(19) 4	(24) 4	(29) 2
(20) 6	(25) 9	(30) 6

56쪽 02 (몇백몇십) ÷ (몇십) B

(1) 8⋯10	(7) 5	(13) 7⋯20
(2) 6	(8) 4⋯30	(14) 9
(3) 4⋯40	(9) 3	(15) 9⋯50
(4) 5	(10) 5⋯60	(16) 5
(5) 2⋯70	(11) 8	(17) 7⋯10
(6) 5⋯30	(12) 4	(18) 9

57쪽

(19) 6	(25) 2⋯20	(31) 6
(20) 6⋯10	(26) 2	(32) 6⋯20
(21) 7	(27) 4⋯30	(33) 2
(22) 6⋯20	(28) 7	(34) 3⋯30
(23) 9	(29) 9⋯40	(35) 8
(24) 6⋯20	(30) 8⋯20	(36) 9⋯10

58쪽 03 (몇백몇십) ÷ (몇십) C

(1) 4, 4	(7) 2, 50, 2, 50
(2) 6, 40, 6, 40	(8) 9, 9
(3) 8, 8	(9) 2, 30, 2, 30
(4) 7, 20, 7, 20	(10) 5, 5
(5) 9, 9	(11) 4, 10, 4, 10
(6) 6, 20, 6, 20	(12) 9, 9

59쪽

(13) 7⋯20	(20) 5⋯10	(27) 9
(14) 6⋯20	(21) 6	(28) 9⋯30
(15) 7	(22) 4⋯40	(29) 2
(16) 7⋯50	(23) 7	(30) 5⋯60
(17) 9	(24) 2⋯10	(31) 7
(18) 8⋯10	(25) 8⋯20	(32) 8⋯20
(19) 4	(26) 8⋯40	(33) 4

60쪽 04 (세 자리 수) ÷ (몇십) A

(1) 6⋯21	(6) 4⋯23	(11) 4⋯16
(2) 8⋯17	(7) 4⋯13	(12) 3⋯35
(3) 5⋯19	(8) 6⋯40	(13) 4⋯4
(4) 4⋯30	(9) 5⋯8	(14) 3⋯39
(5) 6⋯31	(10) 7⋯28	(15) 7⋯24

61쪽

(16) 6⋯26	(21) 5⋯11	(26) 2⋯29
(17) 6⋯11	(22) 6⋯17	(27) 3⋯18
(18) 6⋯12	(23) 8⋯14	(28) 7⋯12
(19) 6⋯12	(24) 7⋯47	(29) 8⋯29
(20) 7⋯4	(25) 9⋯15	(30) 8⋯38

62쪽 05 (세 자리 수) ÷ (몇십) B

❶ 22…2
❷ 32…18
❸ 33…1
❹ 35…5
❺ 25…8
❻ 18…1
❼ 23…3
❽ 22…2
❾ 24…2
❿ 26…10
⓫ 30…6
⓬ 12…45
⓭ 47…5
⓮ 33…19
⓯ 28…14
⓰ 45…1
⓱ 37…8
⓲ 12…2

63쪽

⓳ 31…7
⓴ 33…1
㉑ 23…4
㉒ 31…1
㉓ 44…19
㉔ 11…22
㉕ 46…3
㉖ 27…11
㉗ 29…16
㉘ 24…6
㉙ 25…7
㉚ 23…16
㉛ 30…2
㉜ 24…5
㉝ 26…9
㉞ 21…1
㉟ 38…11
㊱ 20…15

64쪽 06 (세 자리 수) ÷ (몇십) C

❶ 5, 45, 5, 45
❷ 4, 29, 4, 29
❸ 4, 72, 4, 72
❹ 3, 35, 3, 35
❺ 5, 4, 5, 4
❻ 5, 48, 5, 48
❼ 4, 14, 4, 14
❽ 9, 22, 9, 22
❾ 4, 36, 4, 36
❿ 2, 11, 2, 11
⓫ 7, 41, 7, 41
⓬ 9, 16, 9, 16

65쪽

⓭ 3…13
⓮ 6…49
⓯ 8…19
⓰ 8…18
⓱ 9…53
⓲ 5…22
⓳ 7…62
⓴ 6…36
㉑ 5…41
㉒ 3…64
㉓ 2…31
㉔ 9…7
㉕ 3…21
㉖ 4…26
㉗ 7…13
㉘ 8…2
㉙ 9…15
㉚ 9…19
㉛ 6…55
㉜ 7…6
㉝ 5…2

66쪽 07 몫이 한 자리 수인 (두 자리 수) ÷ (두 자리 수) A

❶ 3
❷ 2
❸ 9
❹ 3
❺ 2
❻ 2
❼ 4
❽ 2
❾ 5
❿ 4
⓫ 2
⓬ 5
⓭ 3
⓮ 2
⓯ 4

67쪽

⓰ 2
⓱ 2
⓲ 2
⓳ 2
⓴ 2
㉑ 2
㉒ 2
㉓ 2
㉔ 4
㉕ 4
㉖ 2
㉗ 2
㉘ 3
㉙ 2
㉚ 3

68쪽 08 몫이 한 자리 수인 (두 자리 수) ÷ (두 자리 수) B

❶ 4…4
❷ 2…1
❸ 2…23
❹ 2…24
❺ 3…6
❻ 5…14
❼ 2…18
❽ 2…17
❾ 4…3
❿ 2…5
⓫ 2…12
⓬ 1…28
⓭ 5…2
⓮ 2…12
⓯ 2…7
⓰ 3…10
⓱ 3…3
⓲ 1…19

69쪽

⓳ 2…5
⓴ 2…9
㉑ 2…5
㉒ 3…14
㉓ 4…11
㉔ 2…8
㉕ 3…13
㉖ 2…1
㉗ 3…6
㉘ 2…4
㉙ 2…12
㉚ 2…9
㉛ 2…8
㉜ 7…6
㉝ 2…10
㉞ 2…20
㉟ 6…2
㊱ 6…2

09 몫이 한 자리 수인 (두 자리 수) ÷ (두 자리 수) C

70쪽

❶ 3, 5, 3, 5
❷ 2, 11, 2, 11
❸ 2, 7, 2, 7
❹ 3, 1, 3, 1
❺ 2, 20, 2, 20
❻ 3, 2, 3, 2
❼ 2, 3, 2, 3
❽ 6, 5, 6, 5
❾ 2, 3, 2, 3
❿ 2, 6, 2, 6
⓫ 3, 9, 3, 9
⓬ 4, 3, 4, 3

71쪽

⓭ 2…22
⓮ 2…1
⓯ 2…11
⓰ 5…4
⓱ 2…9
⓲ 2…6
⓳ 2…3
⓴ 2…28
㉑ 2…22
㉒ 4…6
㉓ 2…9
㉔ 2…4
㉕ 2…18
㉖ 3…5
㉗ 2…10
㉘ 2…2
㉙ 2…5
㉚ 3…2
㉛ 2…16
㉜ 1…42
㉝ 2…29

10 몫이 한 자리 수인 (세 자리 수) ÷ (두 자리 수) A

72쪽

❶ 3
❷ 8
❸ 3
❹ 3
❺ 3
❻ 9
❼ 9
❽ 8
❾ 6
❿ 3
⓫ 9
⓬ 6
⓭ 6
⓮ 4
⓯ 9

73쪽

⓰ 4
⓱ 5
⓲ 8
⓳ 5
⓴ 7
㉑ 6
㉒ 2
㉓ 9
㉔ 8
㉕ 7
㉖ 5
㉗ 2
㉘ 7
㉙ 8
㉚ 2

11 몫이 한 자리 수인 (세 자리 수) ÷ (두 자리 수) B

74쪽

❶ 6…5
❷ 8…5
❸ 6…5
❹ 9…1
❺ 6…5
❻ 7…29
❼ 5…2
❽ 7…6
❾ 4…2
❿ 6…5
⓫ 9…7
⓬ 7…7
⓭ 8…4
⓮ 9…8
⓯ 3…2
⓰ 4…2
⓱ 7…5
⓲ 6…13

75쪽

⓳ 3…2
⓴ 8…4
㉑ 4…2
㉒ 7…6
㉓ 4…2
㉔ 5…4
㉕ 4…2
㉖ 3…1
㉗ 9…7
㉘ 4…3
㉙ 4…3
㉚ 7…4
㉛ 2…1
㉜ 6…4
㉝ 4…3
㉞ 6…2
㉟ 3…1
㊱ 4…3

12 몫이 한 자리 수인 (세 자리 수) ÷ (두 자리 수) C

76쪽

❶ 4, 3, 4, 3
❷ 2, 1, 2, 1
❸ 4, 2, 4, 2
❹ 6, 5, 6, 5
❺ 3, 1, 3, 1
❻ 5, 1, 5, 1
❼ 4, 2, 4, 2
❽ 7, 3, 7, 3
❾ 5, 4, 5, 4
❿ 7, 5, 7, 5
⓫ 8, 4, 8, 4
⓬ 3, 1, 3, 1

77쪽

⓭ 9…7
⓮ 4…3
⓯ 7…6
⓰ 7…3
⓱ 3…1
⓲ 2…1
⓳ 6…2
⓴ 7…6
㉑ 7…4
㉒ 3…2
㉓ 6…3
㉔ 5…4
㉕ 8…7
㉖ 9…7
㉗ 6…3
㉘ 2…1
㉙ 9…7
㉚ 6…5
㉛ 4…1
㉜ 5…3
㉝ 5…2

13 몫이 두 자리 수인 (세 자리 수) ÷ (두 자리 수)① A

78쪽

① 78	⑥ 21	⑪ 17
② 15	⑦ 43	⑫ 11
③ 39	⑧ 14	⑬ 33
④ 22	⑨ 63	⑭ 12
⑤ 53	⑩ 11	⑮ 39

79쪽

⑯ 32	㉑ 16	㉖ 74
⑰ 12	㉒ 28	㉗ 21
⑱ 55	㉓ 13	㉘ 33
⑲ 11	㉔ 33	㉙ 11
⑳ 69	㉕ 21	㉚ 39

14 몫이 두 자리 수인 (세 자리 수) ÷ (두 자리 수)① B

80쪽

① 16…15	⑦ 11…1	⑬ 21…4
② 13…3	⑧ 13…2	⑭ 11…1
③ 23…6	⑨ 22…9	⑮ 17…5
④ 18…1	⑩ 12…9	⑯ 15…10
⑤ 21…9	⑪ 13…2	⑰ 14…10
⑥ 10…26	⑫ 16…19	⑱ 15…4

81쪽

⑲ 43…7	㉕ 13…10	㉛ 15…8
⑳ 16…2	㉖ 13…9	㉜ 22…6
㉑ 25…14	㉗ 12…3	㉝ 16…12
㉒ 17…12	㉘ 15…2	㉞ 12…5
㉓ 26…4	㉙ 21…15	㉟ 14…6
㉔ 14…2	㉚ 13…5	㊱ 33…14

15 몫이 두 자리 수인 (세 자리 수) ÷ (두 자리 수)① C

82쪽

① 11, 4, 11, 4	⑦ 38, 11, 38, 11
② 15, 4, 15, 4	⑧ 39, 5, 39, 5
③ 17, 2, 17, 2	⑨ 38, 1, 38, 1
④ 26, 15, 26, 15	⑩ 88, 2, 88, 2
⑤ 12, 10, 12, 10	⑪ 46, 6, 46, 6
⑥ 14, 9, 14, 9	⑫ 29, 3, 29, 3

83쪽

⑬ 29…3	⑳ 34…7	㉗ 11…8
⑭ 27…6	㉑ 41…9	㉘ 12…10
⑮ 38…9	㉒ 11…5	㉙ 24…13
⑯ 18…2	㉓ 29…4	㉚ 12…8
⑰ 13…7	㉔ 11…7	㉛ 14…1
⑱ 32…5	㉕ 55…6	㉜ 13…9
⑲ 24…11	㉖ 21…1	㉝ 37…10

16 몫이 두 자리 수인 (세 자리 수) ÷ (두 자리 수)② A

84쪽

① 19	⑥ 13	⑪ 26
② 23	⑦ 12	⑫ 21
③ 27	⑧ 21	⑬ 16
④ 23	⑨ 15	⑭ 18
⑤ 11	⑩ 22	⑮ 11

85쪽

⑯ 32	㉑ 18	㉖ 22
⑰ 37	㉒ 16	㉗ 22
⑱ 16	㉓ 22	㉘ 29
⑲ 22	㉔ 13	㉙ 21
⑳ 67	㉕ 21	㉚ 12

17 몫이 두 자리 수인 (세 자리 수) ÷ (두 자리 수)② B

86쪽

1. 13…10
2. 23…9
3. 13…1
4. 12…4
5. 14…8
6. 18…14
7. 11…7
8. 26…11
9. 15…8
10. 11…4
11. 16…13
12. 23…10
13. 38…4
14. 28…2
15. 11…9
16. 25…8
17. 13…3
18. 14…15

87쪽

19. 12…11
20. 22…5
21. 14…4
22. 13…6
23. 19…4
24. 53…2
25. 15…4
26. 27…3
27. 45…5
28. 17…3
29. 28…4
30. 16…4
31. 12…9
32. 16…6
33. 11…3
34. 21…12
35. 16…10
36. 13…4

18 몫이 두 자리 수인 (세 자리 수) ÷ (두 자리 수)② C

88쪽

1. 14, 7, 14, 7
2. 21, 2, 21, 2
3. 16, 5, 16, 5
4. 14, 12, 14, 12
5. 16, 8, 16, 8
6. 13, 2, 13, 2
7. 47, 11, 47, 11
8. 12, 1, 12, 1
9. 26, 4, 26, 4
10. 12, 1, 12, 1
11. 38, 2, 38, 2
12. 27, 10, 27, 10

89쪽

13. 29…8
14. 24…6
15. 29…12
16. 12…8
17. 43…4
18. 12…7
19. 24…7
20. 48…2
21. 18…6
22. 16…14
23. 23…10
24. 21…14
25. 14…5
26. 36…5
27. 33…6
28. 49…13
29. 67…3
30. 12…10
31. 19…7
32. 26…5
33. 12…9

MEMO

쌤과 망이 만든

쌍둥이 연산노트

의 책이에요!

제 품 명: 쌍둥이 연산노트
제조자명: 이젠교육
제조국명: 대한민국
제조년월: 판권에 별도 표기
사용학년: 8세 이상

※ KC마크는 이 제품이 공통안전기준에 적합하였음을 의미합니다.

값 9,500원
63410
ISBN 979-11-90880-57-2

쌤과 맘이 만든

쌍둥이 연산노트

의 책이에요!

제 품 명: 쌍둥이 연산노트
제조자명: 이젠교육
제조국명: 대한민국
제조년월: 판권에 별도 표기
사용학년: 8세 이상
※ KC마크는 이 제품이 공통안전기준에 적합하였음을 의미합니다.

값 9,500원
63410
9 791190 880572
ISBN 979-11-90880-57-2